AF834191

Elektrotechnik für den Berufseinstieg

Grundlagen, Lernsituationen und praktische Übungen

2. Auflage

VERLAG EUROPA-LEHRMITTEL · Nourney, Vollmer GmbH & Co. KG
Düsselberger Straße 23 · 42781 Haan-Gruiten

EUROPA-Nr.: 32300

Autor:
Dipl.-Ing. Bela Hertelendi

Verlagslektorat:
Dipl.-Ing. Andreas J. Nies

Firmenverzeichnis:
Der Autor bedankt sich bei den nachfolgenden Firmen für die Unterstützung
- Miele & Cie. KG, 33332 Gütersloh: 136/1
- TenneT TSO GmbH, 95448 Bayreuth: 132/2
- Christian Winkler GmbH & Co. KG, 70469 Stuttgart: 150/1
- Adobe Systems Software Irland Ltd., Adobe Stock, IRL-Dublin: 9/1 © psdesign1, 10/2 © Patryk Kosmider, 13/1 © BeTa-Artiworks, 24/1 © Kadmy, 24/2 © auremar, 24/3 © rawcaptured, 25/4 © artefacti, 31/1 © kalafoto, 33/1 © Arcady, 43/1 © Bacho Foto, 45/1 © HandmadePictures, 53/7 © mediagram, 61/2 © babimu, 73/1 © janaka Dharmasena, 78/1 © Igos, 78/2 © B. Wylezich, 78/6 © Teleline, 78/9 © Roman Sotola, 91/1 © womue, 124/7 © tazik, 131/1 © Thomas Madel, 143/1 © Ramona Heim, 156/1 © slavun
- dpa Picture Alliance GmbH, 60327 Frankfurt: 11/6 © dpa/ Heritage Images, 32/3 © dpa/ akg-images

Comics:
Antonia Wichmann: 19, 35, 81, 90, 117, 137, 139

Alle Bilder im Buch ohne Quellenangaben wurden vom Zeichenbüro des Verlags Europa-Lehrmittel, Ostfildern, oder vom Autor erstellt und bearbeitet.

2. Auflage 2019
Druck 5 4 3

Alle Drucke derselben Auflage sind parallel einsetzbar, da bis auf die Korrektur von Druckfehlern identisch sind.

ISBN 978-3-8085-3812-8

Bei Fragen zur Produktsicherheit wenden Sie sich bitte an produktsicherheit@europa-lehrmittel.de.

Umschlag: braunwerbeagentur, 42477 Radevormwald
Umschlagfotos: Zeichnungen: Bela Hertelendi und Zeichenbüro Verlag Europa-Lehrmittel
Strommast: kalafoto-stock.adobe.com
Satz: Hertelendi; Satz+Layout Werkstatt Kluth GmbH, 50374 Erftstadt
Druck: Elanders Waiblingen GmbH, 71332 Waiblingen

Liebe Schüler,

wenn Ihr Euch auf einen Beruf vorbereitet, im Berufsgrundschuljahr, in der zweijährigen Berufsfachschule oder im Berufsvorbereitungsjahr oder in einer Eingliederungsmaßnahme und Elektrotechnik gewählt habt, so seid Ihr hier genau richtig. Aber auch im ersten Ausbildungsjahr eines elektrotechnischen Berufes findet Ihr hier sicher die eine oder andere hilfreiche Erkenntnis, die Euch das Leben als Elektrotechniker einfacher macht.

Das Buch kann im Unterricht benutzt werden (klar, sonst wäre es ja kein Schulbuch). Aber Ihr könnt auch ganz eigenständig damit arbeiten. Und dabei ist es nützlich, wenn Ihr versteht, wie das Buch aufgebaut ist. Zuerst einmal ist wichtig, dass es vier Arten von Seiten in diesem Buch gibt:

In den **Infoseiten** mit dem orangen Rand oben findet Ihr Informationen zu Themen der Elektrotechnik, wie z. B. dem Stromkreis oder dem ohmschen Gesetz. Die müsst Ihr durchlesen, um die Aufgaben auf den Aufgabenseiten bearbeiten zu können. Es gibt insgesamt 15 Infoseiten-Abschnitte.

Aufgaben findet Ihr in den **Aufgabenseiten** mit dem grünen Rand. Es lohnt sich, die Aufgaben zu bearbeiten, damit festigt Ihr Euer Wissen. Einige Aufgaben können nur gelöst werden, wenn Ihr noch andere Informationsquellen benutzt, wie z. B. das Internet. Diese sind mit einem speziellen Symbol gekennzeichnet. Das gilt auch für die Aufgaben, zu denen Ihr ein Video anschauen müsst: An manchen Stellen findet man QR-Codes. Damit könnt Ihr Euch mit Eurem Smartphone Tipps zur Lösung anzeigen lassen.

Spannend sind die **praktischen Übungen**, die auf den Seiten mit dem blauen Rand oben zu finden sind. Hier wird Euch Euer Lehrer genau erklären, ob diese Übungen in Euren Unterricht passen und ob oder wie Ihr sie durchführen könnt.

Auf den Seiten mit dem grauen Rand oben findet Ihr am Anfang des Buches das **Inhaltsverzeichnis** und am Ende ein **Sachwortverzeichnis**. Es lohnt sich hin und wieder, dort mal nachzuschauen.

Und nun viel Spaß mit diesem Buch!

Liebe Lehrer,

Lernsituationen, Informationen und praktische Übungen sind hier in eine fachsystematische Struktur eingebettet, die die einzelnen eletrotechnischen Themen stark voneinander trennt und damit eine kleinschrittige Erarbeitung ermöglicht.

Der Schwerpunkt dieses Buches liegt in Situationen aus der betrieblichen Praxis, in Alltagssituationen, aber auch in rein thematisch orientierten Aufgaben. Sie wechseln sich in unterschiedlichen Schwierigkeitsgraden ab und ermöglichen Schülern und Schülerinnen mit unterschiedlicher Vorbildung einen individuellen Lernfortschritt.

Auf mathematische und physikalische Vorbildungen wird hierbei weitestgehend verzichtet, um keine Barrieren aufzubauen und auch Schülern mit ehemals wenig Zugang zu solchen Inhalten einen Einstieg in die Elektrotechnik zu ermöglichen.

Zu jeder Aufgabe gibt es einen Datumseintrag, um eine Chronologie des Lernfortschritts nachverfolgen und eine Zuordnung zu anderen Unterrichtsmitschriften oder -Themen ermöglichen zu können.

Bei einigen Aufgaben und Lernsituationen sind externe Informationsquellen erforderlich, da sie weiterführende Inhalte tangieren. Zu nennen ist dabei in erster Linie das Internet. Die Erfahrung hat gezeigt, dass fast alle Schüler heutzutage mit ihren Smartphones eine Internetrecherche durchführen können und diese Kompetenz gewinnbringend in den Unterricht eingebunden werden kann.

Die praktischen Übungen können mit einfachsten Mitteln auch ohne eine Laborausstattung durchgeführt werden. So ist es möglich, auch in Schulen oder Einrichtungen mit begrenztem Budget den Schülern praktische Erfahrungen mit Strom und Spannung zu ermöglichen.

Der Autor

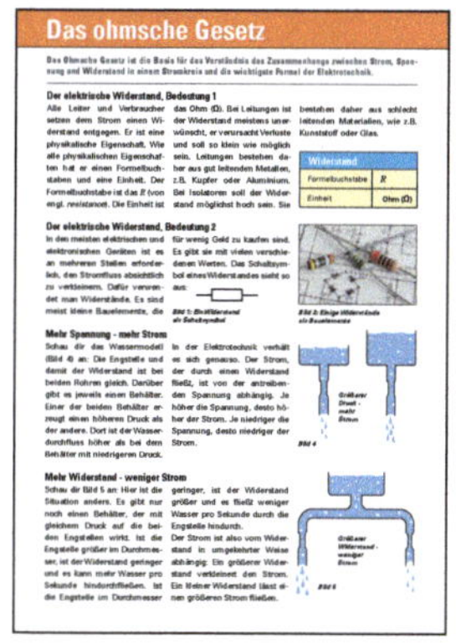

Die Infoseiten mit Informationen

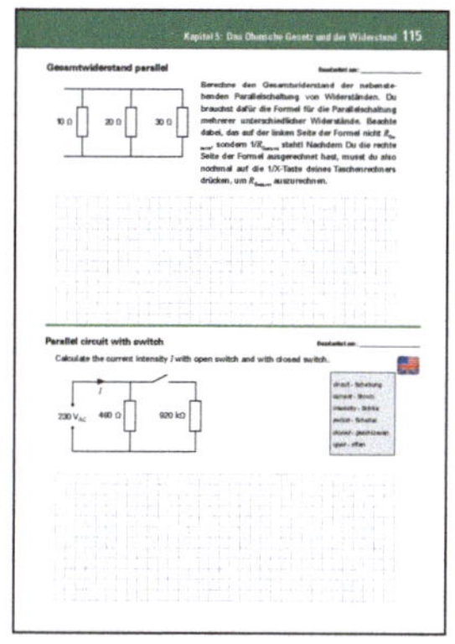

Die Seiten mit Aufgaben und Lernsituationen

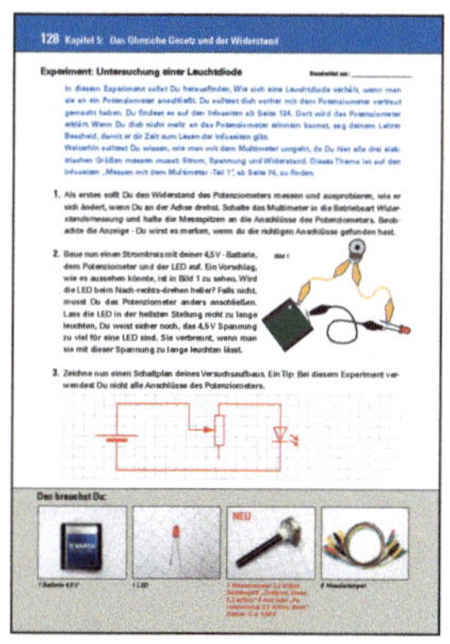

Die Seiten mit den praktischen Übungen

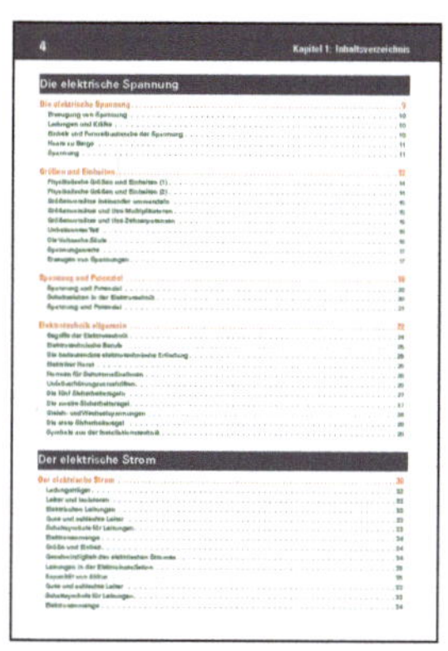

Die Seiten mit dem Inhalts- und Schlagwortverzeichnis

1 Die elektrische Spannung

2 Der elektrische Strom

3 Der Stromkreis

4 Messen von Strom und Spannung

5 Das ohmsche Gesetz und der Widerstand

6 Elektrische Leistung und Energie

1 Die elektrische Spannung

Die elektrische Spannung

Die elektrische Spannung ist die treibende Kraft in der Elektrotechnik. Sie ist der elektrische Druck, der als Spannung beschrieben wird. Spannungsphänomene sind schon lange in der Natur bekannt.

Elektrische Ladungen

Die unangenehme Erfahrung, einen elektrischen Schlag an einer Türklinke zu bekommen, kennst Du sicher. Beim Reiben über den Teppich haben sich in Dir **elektrische Ladungen** angesammelt, die sich beim Annähern an die Türklinke als Funke entladen haben.

Ein Gewitter funktioniert ähnlich: In der Gewitterwolke sammeln sich Ladungen an, die verschieden sind zu den Ladungen am Boden. Dadurch entsteht ein elektrischer Druck, den man **Spannung** nennt. Wird der Druck zu groß, müssen sich die elektrischen Ladungen ausgleichen und es entsteht ein Blitz.

Es gibt zwei verschiedene Arten von Ladungen, **positive** und **negative** Ladungen. Werden diese Ladungen voneinander getrennt, d. h. in zwei entfernten Bereichen angesammelt, entsteht eine elektrische Spannung.

Positive Ladungen werden mit einem „+“ **(Plus)** gekennzeichnet. Negative Ladungen werden mit einem „-“ **(Minus)** gekennzeichnet.

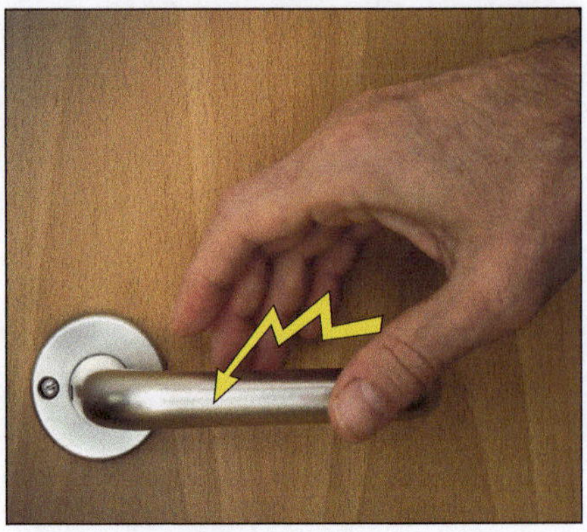

Bild 1: Eine Entladung über einen Funken

Bild 2: Ladungen in einem Gewitter

Positive und negative Ladungen

Griechische Gelehrte entdeckten schon vor 2500 Jahren, dass Stoffe durch Reibung dazu gebracht werden können, sich gegenseitig anzuziehen. Besonders gut funktionierte dies mit Bernstein, den die Griechen Elektron nannten. So entstand der Begriff Elektrizität.

Im 17. und 18. Jh. entdeckte man, dass verschiedene Materialien durch Reibung so aufgeladen werden konnten, dass sie sich gegenseitig anziehen oder abstoßen. So entstanden zwei Gruppen von Materialien. Materialien aus der Gruppe A (z.B. Glas) zogen Materialien aus der Gruppe B (z.B. Gummi) an und umgekehrt. Materialien innerhalb einer Gruppe (z.B. Glas–Glas) haben sich jedoch gegenseitig abgestoßen.

Man suchte nach Bezeichnungen, um die beiden Gruppen dieser Materialien zu benennen, wie z.B. Nord und Süd oder männlich und weiblich.

Benjamin Franklin entschied um 1740, die Materialien aus der einen Gruppe positiv und die Materialien aus der anderen Gruppe negativ zu nennen. Die Einteilung der beiden verschiedenen Arten elektrischer Ladung ist bis heute beibehalten worden.

Ladungen üben Kräfte aufeinander aus. Ungleichartige Ladungen ziehen sich an, gleichartige Ladungen stoßen sich ab.

Die dabei entstehenden Kräfte sind sehr gering. Deshalb haben sie wenig Bedeutung in der Technik. Die Kräfte, die von Magnetfeldern kommen, sind viel stärker, und werden z.B. in Elektromotoren ausgenutzt. Daher funktionieren alle großen elektrischen Maschinen elektromagnetisch.

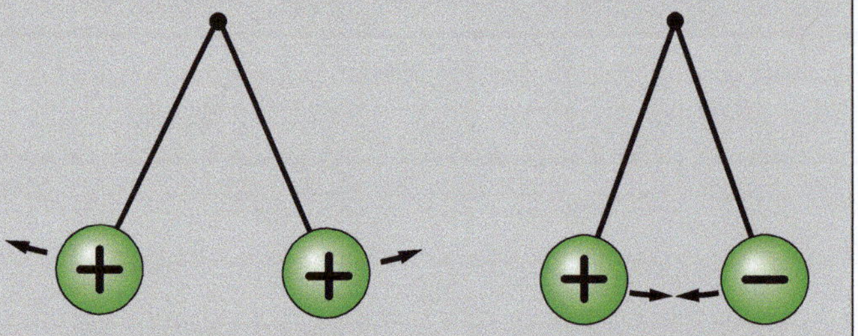

Elektronen

Wie Du sicher weißt, ist unsere Materie aus kleinsten Bausteinen aufgebaut, den Atomen. Die Atome selbst bestehen aus einem Kern und den **Elektronen**, die ihn umkreisen.

Die Elektronen sind für die Elektrotechnik besonders wichtig. Unter bestimmten Voraussetzungen können sie sich aus der Hülle lösen. Wenn sich viele solcher Elektronen in eine gemeinsame Richtung bewegen, bilden sie einen elektrischen Strom.

Elektronen sind immer negativ geladen.

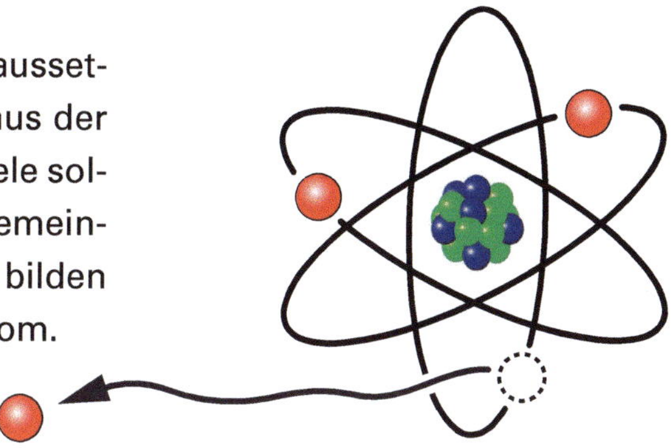

***Bild 3:** Ein bewegliches Elektron*

Spannungsquellen

Um eine elektrische Spannung zu erzeugen, muss man ähnlich wie bei einem Gewitter einen Ladungsunterschied erzeugen. Passende Ladungsträger in der Elektrotechnik sind die Elektronen. Sammelt man Elektronen an, erzeugt man eine negative Ladung. Zieht man Elektronen ab, erzeugt man eine positive Ladung.

***Bild 4:** Batterien und wiederaufladbare Akkus sind weit verbreitete Spannungsquellen. Sie funktionieren auf chemische Art.*

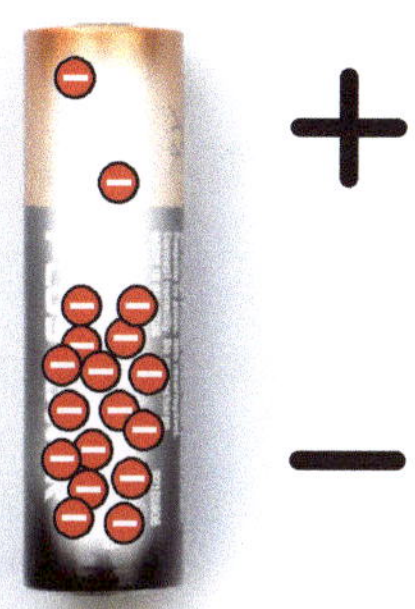

***Bild 5:** Das Prinzip der Ladungstrennung: Elektronenüberschuss = Minuspol, Elektronenmangel = Pluspol*

Die Einheit der Spannung

Wie jede physikalische Größe, so hat auch die elektrische Spannung einen Formelbuchstaben und eine Einheit.

Der Formelbuchstabe ist das *U*, abgeleitet vom lateinischen *urgere* = drängen.

Die Einheit der Spannung ist das **Volt** (**V**), benannt nach dem italienischen Physiker *Alessandro Volta*, der die Batterie erfunden hat.

Spannung	
Formelbuchstabe	***U***
Einheit	**V (Volt)**

Die erste Batterie

Alessandro Volta lebte von 1745 bis 1824 in Italien und Österreich. Er befasste sich hauptsächlich mit der frühen Elektrotechnik. Zu seiner Zeit untersuchte man elektrische Phänomene, wie z.B. das Zucken von Froschschenkeln beim Anlegen einer Spannung.

Voltas größte Erfindung war die Volta'sche Säule. In ihr waren viele chemische Elemente übereinander gestapelt, sodass sich ihre geringen Spannungen zu einer größeren Spannung addierten. Damit war es erstmals möglich, stärkere Ströme fließen zu lassen und damit elektrotechnische Experimente durchzuführen. Nach diesem Prinzip funktionieren auch heute noch Batterien und Akkus. 1861 wurde Volta dadurch geehrt, dass man die Maßeinheit der Spannung nach ihm benannte.

Auf dem Bild ist vorne auf dem Tisch eine kleine Volta'sche Säule zu sehen (siehe auch Seite 18).

Erzeugung von Spannung

Wie entsteht Spannung in der Natur? Wie kann Spannung erzeugt werden? Wann ist Spannung erschöpft? Schreibe eine kurze Erklärung auf.

....

....

....

....

Ladungen und Kräfte

Welche Kräfte üben Ladungen aufeinander aus? Welche Rolle spielen diese Kräfte in der Technik und warum? Welche Kräfte sind wichtiger?

....

....

....

....

Einheit und Formelbuchstabe der Spannung

Wie lauten die Einheit und der Formelbuchstabe der elektrischen Spannung?

Einheit: ....

Formelbuchstabe: ....

Haare zu Berge

Schau Dir das Foto an. Wie ist der Effekt mit den Haaren des Mädchens zustande gekommen?

....

....

....

....

....

....

....

....

[vel.plus/EB01]

Spannung

Ergänze folgenden Lückentext:

Die elektrische Spannung kann als elektrischer ____________ *erklärt werden. Spannungen werden durch* ____________ *von* ____________ *erzeugt.*

Am Pluspol gibt es einen ____________ *an Elektronen, am Minuspol gibt es einen* ____________ *an Elektronen.*

Die Einheit der elektrischen Spannung ist das ________ *(* ____ *).*

Spannungen ab ________ *sind gefährlich.*

Akkus, wie sie z. B. in Smartphones verwendet werden, sind ____________ *Spannungsquellen.*

Alle physikalischen Dinge und Vorgänge werden durch physikalische Größen und Einheiten beschrieben, die man messen oder berechnen kann. Besonders knifflig kann das Rechnen mit Größenvorsätzen sein.

Physikalische Größen und ihre Einheiten

Alle Dinge in Natur und Technik haben physikalische Eigenschaften, wie z. B. *leicht/schwer, schnell/langsam* etc. Diese Eigenschaften lassen sich mit **physikalischen Größen** beschreiben, wie z. B. die *Geschwindigkeit* oder das *Gewicht*. Physikalische Größen lassen sich durch **Werte** genau bestimmen, z. B. *50 kg* oder *80 km/h*. Die Werte bestehen jeweils aus einem **Zahlenwert** und einer **Einheit**, so ist bei *80 km/h* die Zahl *80* der Zahlenwert und *km/h* ist die Einheit. Die Werte unbekannter physikalischer Größen können ausgerechnet werden. Dies ist oft schwierig. Einfacher ist das Messen. Dafür verwendet man Messgeräte, wie z. B. eine Waage, eine Stoppuhr oder ein Thermometer. Wenn Werte sehr klein oder sehr groß sind, werden die Zahlen schnell unhandlich, wie z. B. bei einer hohen Leistung: *P = 3000000000 W*. Platzsparender ist die Verwendung von Größenvorsätzen, hier wäre *P = 3 GW* handlicher. Ein Beispiel für einen kleinen Wert: *U = 0,086 V* kann man auch als *U = 86 mV* schreiben. In der Elektotechnik sind Größenvorsätze sehr gebräuchlich, man sollte die wichtigsten davon kennen. Und man sollte wissen, wie man damit rechnen kann.

Angabe einer Zeit von 5 Sekunden

$$t = 5\,\mathrm{s}$$

Formelbuchstabe der physikalische Größe (hier: Zeit) → t
Zahlenwert → 5
Einheitenbuchstabe der Maßeinheit → s

Die Größenvorsätze

Name	Buchstabe	Als Zahl	Als Zehnerpotenz	Beschreibung
Giga	G	1000000000	$1 \cdot 10^{9}$	mal eine Milliarde
Mega	M	1000000	$1 \cdot 10^{6}$	mal eine Million
Kilo	k	1000	$1 \cdot 10^{3}$	mal Tausend
milli	m	0,001	$1 \cdot 10^{-3}$	teilen durch Tausend
mikro	µ	0,000001	$1 \cdot 10^{-6}$	teilen durch eine Million
nano	n	0,000000001	$1 \cdot 10^{-9}$	teilen durch eine Milliarde

Umwandlungen

$$1285\,\mathrm{V} = 1{,}285\,\mathrm{kV} = 1{,}285 \cdot 10^{3}\,\mathrm{V}$$

Zum größeren Vorsatz: Zahl kleiner machen — **Größenvorsatz (hier k) durch Exponent ersetzten (hier 3)**

Hier wird von einer normalen Zahl zu einer Zahl gewechselt, die einen Größenvorsatz hat (hier k). Der Größenvorsatz macht sie größer. Also muss vorher geteilt werden (hier durch 1000), damit sich der Wert nicht ändert.

$$0{,}036\,\mathrm{V} = 36\,\mathrm{mV} = 36 \cdot 10^{-3}\,\mathrm{V}$$

Zum kleineren Vorsatz: Zahl größer machen — **Größenvorsatz (hier m) durch Exponent ersetzten (hier –3)**

Hier wird von einer normalen Zahl zu einer Zahl gewechselt, die einen Größenvorsatz hat (hier m). Der Größenvorsatz macht sie kleiner. Also muss vorher multipliziert werden (hier mal 1000), damit sich der Wert nicht ändert.

Die wichtigsten Physikalischen Größen und Einheiten:

Physikalische Größe	Formelbuchstabe	Name der Einheit	Buchstabe(n) der Einheit
Druck	p	Pascal	Pa
Energie	W	Wattsekunden, Kilowattstunden, J	Ws, kWh, J
Fläche	A	Quadratmeter etc.	m^2 etc.
Frequenz	f	Hertz	Hz
Geschwindigkeit	v	Meter pro Sekunde, Kilometer pro Stunde	m/s, km/h
Kraft	F	Newton	N
Ladung	Q	Coulomb	C
Länge	s	Meter, Kilometer etc.	m, km etc.
Leistung	P	Watt	W
Lichtstärke	I_V	Candela	cd
Masse	m	Kilogramm	kg
Spannung	U	Volt	V
Stoffmenge	n	Mol	mol
Stromstärke	I	Ampere	A
Temperatur	T	Kelvin, Grad Celsius	K, °C
Volumen	V	Kubikmeter, Liter	m^3, l
Widerstand	R	Ohm	Ω
Zeit	t	Sekunde, Stunde etc.	s, h etc.

Eingabe in den Taschenrechner

Wie gibt man einen Wert wie z. B. 5 mV in den Taschenrechner ein? Man schaut nach der passenden Zehnerpotenz: 5 mV = $5 \cdot 10^{-3}$ V. Der Exponent (hier -3) ist nun entscheidend.

Leider sind die meisten gängigen Taschenrechner unterschiedlich zu bedienen. Wichtig ist aber überall die [EE] oder [EXP]-Taste und die Taste zur Vorzeichenumkehr [+/-].

Einige Beispiele:

$36\,mV = 36 \cdot 10^{-3}\,V$ → [3] [6] [EE] [+/-] [3]

$0{,}5\,MW = 0{,}5 \cdot 10^{6}\,W$ → [0] [,] [5] [EE] [6]

Auch möglich:

$84\,\mu A = 84 \cdot 10^{-6}\,A$ → [8] [4] [EE] [6] [+/-]

YouTube.de → Einheiten & Präfixe – Grundlagen
leifiphysik.de → Übergreifend → Allgemeines und Hilfsmittel → Grundgrößen und abgeleitete Größen
de.wikipedia.org → nach „Vorsätze für Maßeinheiten" suchen
leifiphysik.de → Übergreifend → Allgemeines und Hilfsmittel → Si-Basisgrößen und -einheiten
leifiphysik.de → Übergreifend → Allgemeines und Hilfsmittel → Zehnerpotenzen – Präfixe
YouTube.de → Potenzen bei großen und kleinen Zahlen

Physikalische Größen und Einheiten (1)

Du solltest die wichtigen elektrotechnischen Einheiten jetzt schon kennen. Such sie auf der Infoseite „Größen und Einheiten“ ab Seite 14 heraus und ergänze die Tabelle so, dass keine Lücken mehr übrigbleiben.

Physikalische Größe	Formelbuchstabe der Größe	Name der Einheit	Buchstabe der Einheit
			V
		Ohm	
Stromstärke			
			Ws
	P		

Physikalische Größen und Einheiten (2)

Unter den vielen physikalischen Einheiten gibt es einige besonders wichtige. Es sind sozusagen die Haupteinheiten, aus denen alle anderen abgeleitet werden. Man nennt sie **Si-Einheiten** (SI = Système International d'Unités = Internationales Einheitensystem). Da sie die Basis des internationalen Einheitensystems bilden, nennt man sie auch *Basiseinheiten*. Finde mithilfe des Internets oder anderen elektrotechnischen oder physikalischen Büchern heraus, welche Einheiten zu den Si-Einheiten gehören (z. B. **m**) und schreibe sie mit ihrem Einheitenbuchstaben und mit ihrem vollen Namen (z. B. **Meter**) auf.

(...........) .... (...........) ....

(...........) .... (...........) ....

(...........) .... (...........) ....

(...........) ....

Größenvorsätze ineinander umwandeln

Spannungen und auch andere elektrotechnische Größen können sehr kleine oder auch sehr große Werte aufweisen. Daher solltest Du mit solchen Größen umgehen können. Wandele die gegebenen Größen in die gesuchte Schreibweise um!

200 mV = ______ V	0,08 V = ______ mV
600 V = ______ kV	0,04 kV = ______ V
520 µV = ______ mV	0,02 mV = ______ µV
7000 µV = ______ V	0,00015 V = ______ µV

Größenvorsätze und ihre Multiplikatoren

Größenvorsätze werden zur Darstellung von sehr großen oder sehr kleinen Zahlenwerten eingesetzt. Welche Bedeutung haben die Größenvorsätze **n, µ, m, k, M** ?
Schreibe den Namen des jeweiligen Größenvorsatzes auf und dahinter den Multiplikator.

n (..............................) : x ....

µ (..............................) : x ....

m (..............................) : x ....

k (..............................) : x ....

M (..............................) : x ....

Größenvorsätze und ihre Zehnerpotenzen

Sehr große und sehr kleine Zahlen können mit Größenvorsätzen auf ein handliches Format gebracht werden. Die Größenvorsätze **p, n, µ, m, k, M** haben jeweils einen Multiplikator, den man als Zehnerpotenz (z. B. **2 · 10^{-3} A** bei **2 mA**) schreiben kann. Schreibe jeweils die passende Zehnerpotenz an die Beispiele.

2,8 mA = 2,8 · .... A	15 kg = 15 · .... g
0,4 kV = 0,4 · V	1,2 MW = 1,2 · .... W
6,8 µW = 6,8 · .... W	7 nV = 7 · V

Schaltzeichen in der Elektrotechnik

Elektrische Maschinen oder Bauteile sehen je nach Bauart ganz unterschiedlich aus. Um die Kommunikation zwischen elektrotechnischen Fachkräften zu vereinfachen, zeichnet man sie als *Schaltsymbole* in Schaltpläne hinein.

Schaltsymbole (oder auch Schaltzeichen genannt) sind stark vereinfachte Zeichnungen von elektrischen Betriebsmitteln oder Bauelementen. Betriebsmittel sind größere Geräte im Bereich der Versorgungs- und Energietechnik. Bauelemente sind kleinere Teile, die eher in Geräten verbaut werden.

Schaltsymbole sind genormt, also einheitlich und daher leicht wiederzuerkennen. Die Norm, nach der Schaltsymbole gezeichnet werden müssen, heißt DIN EN 60617. DIN bedeutet „Deutsche Industrie Norm" und EN steht für „European Norm".

Schreibe die Bedeutung dieser Schaltzeichen auf:

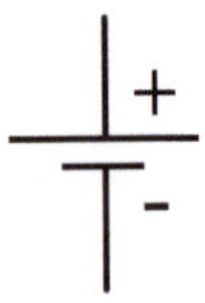

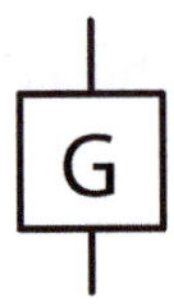

Video: Die Volta'sche Säule

Schau Dir den Film ***Batterie – Alessandro Volta*** auf Youtube (15 Min.) an und beantworte folgende Fragen: Was ist das Grundprinzip, nach dem eine chemische Spannungsquelle aufgebaut ist? Wie hat Volta durch die Volta'sche Säule das Prinzip verbessert?

Spannungswerte

In der Technik kommen sehr unterschiedliche Spannungswerte vor. Finde heraus, welche Spannungswerte die nachfolgenden Geräte benötigen oder bereitstellen.

Gerät oder Betriebsmittel	**Spannungswert**
Steckdose im Haushalt	
Akku im Smartphone	
Hochspannung in Freileitungen, höchster Wert	
Pkw (nicht Lkw)-Starterbatterie	
Blitz im Gewitter	
Soundausgang am PC	
Elektrische Eisenbahnlokomotive	

Erzeugen von Spannungen

Es gibt verschiedene Arten, Spannungen zu erzeugen. Informiere Dich darüber anhand anderer elektrotechnischer Bücher oder mithilfe des Internets. Vielleicht hast Du bereits im Unterricht einiges über verschiedene Arten der Spannungserzeugung gelernt. Kreuze die richtigen Antworten an.

	Richtig	Falsch
Chemische Spannungsquellen sind immer aufladbar.	☐	☐
Generatoren in Kraftwerken erzeugen Strom durch Induktion.	☐	☐
Thermoelemente erzeugen Strom durch Druck.	☐	☐
Aufladbare chemische Spannungsquellen nennt man Akkus.	☐	☐
Elektronen sind negativ geladen.	☐	☐
In Taschenrechnern kommen Piezoelemente zum Einsatz.	☐	☐
Am Minuspol herrscht Elektronenmangel.	☐	☐
Spannungen entstehen, wenn Ladungen gleichmäßig verteilt werden.	☐	☐
Der Formelbuchstabe für die Spannung ist das V.	☐	☐
Solarzellen wandeln Sonnenlicht in elektrische Energie um.	☐	☐

Auf diesen Seiten sollst Du den Unterschied zwischen Spannung und Potenzial lernen. Eigentlich ist es ganz einfach: Die Spannung ist immer eine Differenz (ein Unterschied) zwischen zwei Potenzialen.

Das elektrische Potenzial

Das elektrische Potenzial lässt sich gut mit den Höhenangaben in einem Gebirge erklären. Schau Dir Bild 1 an. Man sieht drei verschiedene Höhenlagen: Der Meeresspiegel, die Ebene mit dem Haus und seinem Bewohner und den Gipfel mit dem Baum.

Für alle drei Ebenen gibt es eine Höhenangabe: 1000 m, 200 m und 0 m (NN). Diese Höhenangaben sind immer auf die Höhenangabe des Meeresspiegels bezogen, d.h. von dort an gerechnet. Daher auch die Angabe „üNN". Das bedeutet „über normal Null", also „über dem Meeresspiegel". Der Berg ist 1000 m hoch, gemessen vom Meeresspiegel aus. Oder anders formuliert: bezogen auf den Meeresspiegel.

Das Männlein jedoch sieht das anders: Für ihn ist der Berg 800 m hoch. Das liegt daran, dass er selbst schon auf einer Höhe von 200 m üNN steht. Er sieht nur den Höhenunterschied vom Berggipfel zu seinem Standort: 1000 m – 200 m = 800 m!

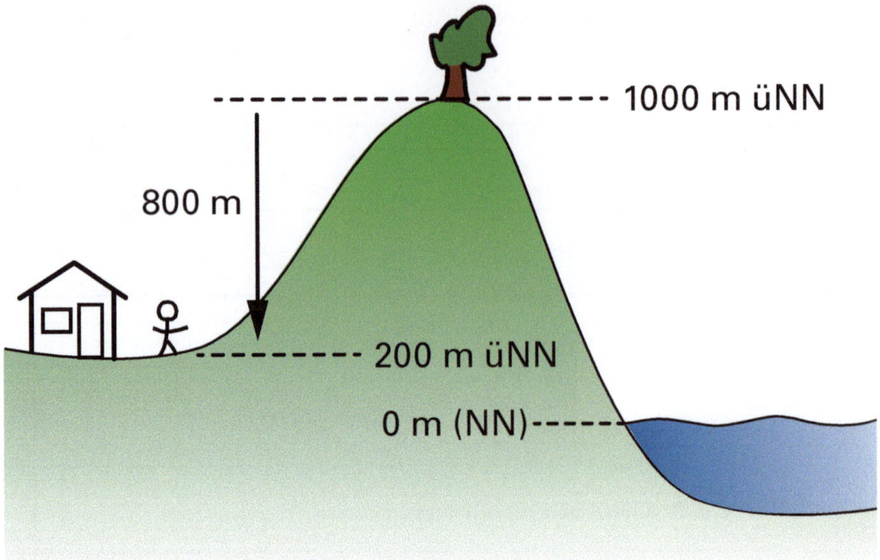

Bild 1: Absolute Höhenangaben und Höhenunterschiede. Der Höhenunterschied ist als Pfeil gezeichnet.

So ähnlich verhält es sich mit der elektrischen Spannung und dem elektrischen Potenzial. **Die Spannung ist eine Potenzialdifferenz**. Potenziale sind in der elektrotechnischen Praxis meistens auf Masse oder auf Erde bezogen, d.h. auf 0 V.

Gibt es in einem Gerät oder in einer Anlage eine solche Masse, so sind alle Potenziale auf diese Masse bezogen. Dann werden Spannung und Potenzial gleichgesetzt. Dies findet man üblicherweise in der Elektroinstallationstechnik.

Spannung und Potenzial

$$U = \varphi_1 - \varphi_2$$

$$[\varphi] = \text{V (Volt)}$$

Spannungspfeile

Spannungen sind Unterschiede (also Differenzen) von Potenzialen. Sie werden gerne als Pfeile gezeichnet. Üblicherweise zeigt ein solcher Spannungspfeil vom höheren zum niedrigeren Potenzial.

Ein Spannungspfeil ist z. B. im Bild 2 zu sehen. Das höhere Potenzial ist am Pluspol, das niedrigere Potenzial am Minuspol. Dann ist die Spannung positiv.

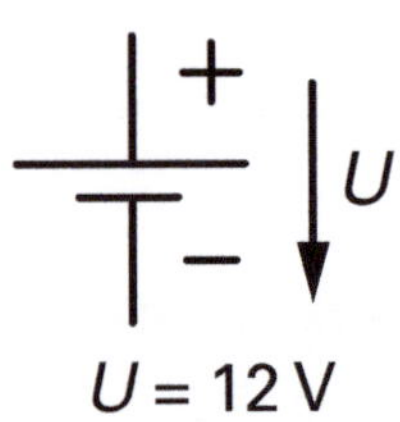

Bild 2: Ein Spannungspfeil an einer Spannungsquelle. Der Wert der Spannung ist separat aufgeschrieben.

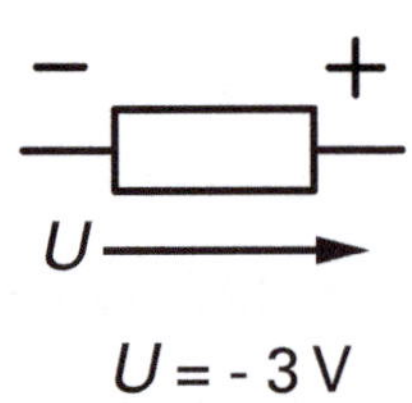

Bild 3: Hier zeigt der Pfeil vom niedrigeren zum höheren Potenzial. Die Spannung ist dann negativ.

Bei unbekannten Spannungen kann es vorkommen, dass der Spannungspfeil umgekehrt zur tatsächlichen Spannungsrichtung gezeichnet ist. Der Wert der Spannung ist dann negativ. Bild 3 zeigt diesen Fall.

Masse und Erde

Für die Masse gibt es zwei Schaltsymbole. Das linke der beiden Symbole in Bild 4 bedeutet **„Erde“**. An dieser Stelle ist das Gerät oder die Anlage direkt mit der Erde verbunden. Man sagt auch, an dieser Stelle ist **„geerdet“**. Es gibt dort eine Verbindung mit dem Erdreich, die meist recht tief und stabil ausgeführt ist. Diese Erde wird oft in der Elektroinstallationstechnik verwendet und hat immer das Potenzial 0 V.

Das rechte der beiden Symbole wird **Gerätemasse** oder auch Masse am Chassis genannt. Üblicherweise ist diese Gerätemasse eine gemeinsame Verbindung für alle Baugruppen im Gerät. Auch dort ist das Potenzial 0 V.

Bild 4: Symbole für Erde (links) und Masse (rechts)

Potenzialangaben

Wenn Geräte oder Anlagen mit einer Masse oder Erde gebaut sind, dann hat die Masse das Potenzial 0 V. Alle anderen Angaben beziehen sich auf diese Masse, d. h., sie werden von dort an gezählt oder damit verglichen. Rechts ist ein Ausschnitt aus einem Schaltplan zu sehen. Einige Potenzialangaben sind rot markiert. Die Masse ist die dickere Leitung am unteren Rand.

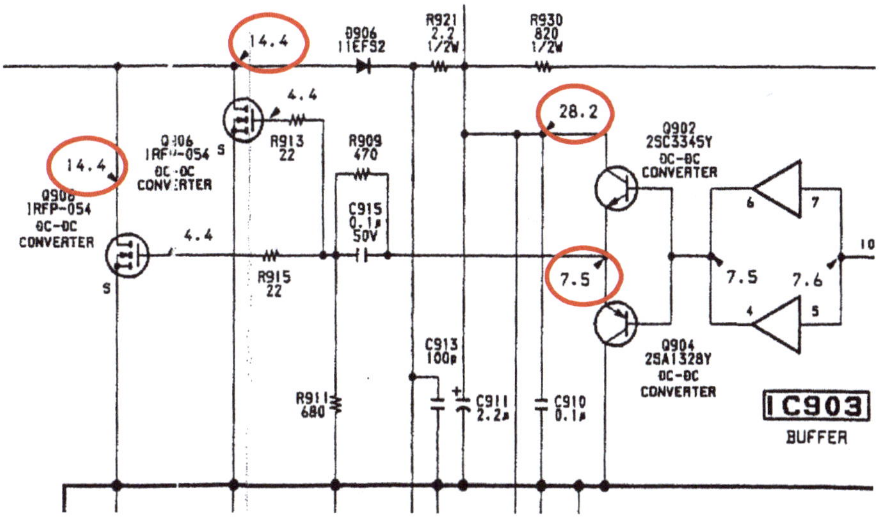

Bild 5: Ein Schaltplan mit Potenzialangaben. Alle Potenziale beziehen sich auf Masse (0 V).

Messen von Spannungen

Beim Messen einer Spannung wird immer eine Potenzialdifferenz gemessen – das sollte man wissen. Es kommt also darauf an, wie die Messleitungen an das Messobjekt angeschlossen werden. Jedes Messgerät hat einen COM-Anschluss. Das ist seine eigene Masse. Ist dieser Anschluss am niedrigeren Potenzial, zeigt das Gerät einen positiven Wert an. Man kann sich auch vorstellen, dass man eine Spannung misst, deren Spannungspfeil immer vom „+“-Eingang des Gerätes zum COM-Eingang zeigt. Das Gerät zeigt also nie einen „falschen“ Wert an!

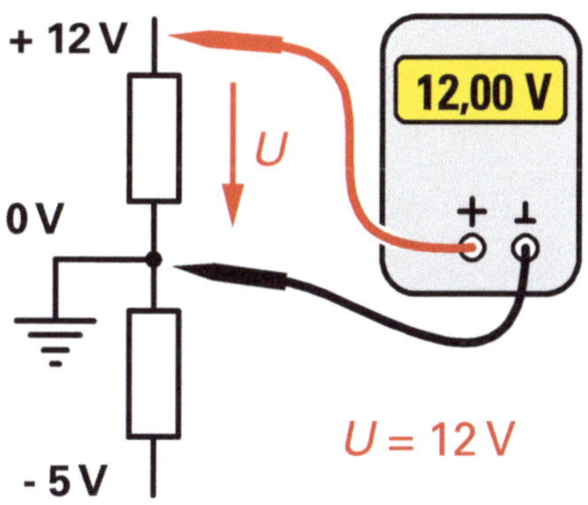

Bild 6: Hier ist alles einfach: Das Messgerät ist richtig herum angeschlossen, die Richtung der gemessenen Spannung stimmt mit der Potenzialdifferenz überein.

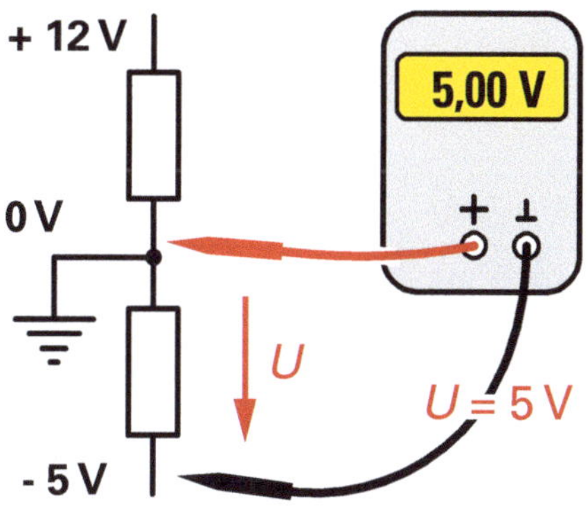

Bild 7: Wie in Bild 5 links nebenan: Die Richtungen stimmen überein und das Gerät zeigt einen positiven Wert an.

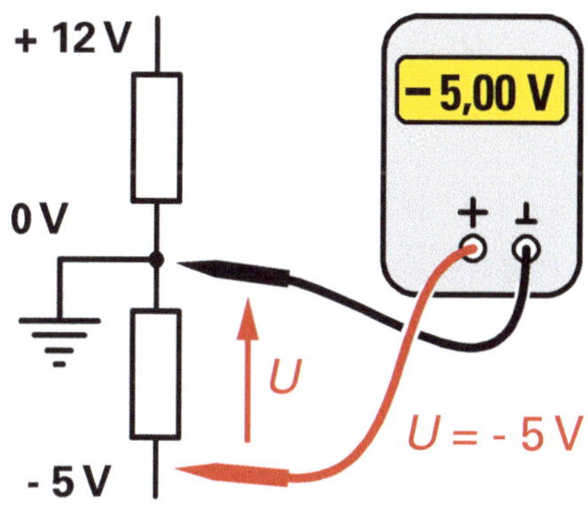

Bild 8: Hier ist der COM-Anschluss am höheren Potenzial und der Plus-Anschluss am niedrigeren Potenzial. Das Gerät zeigt daher eine negative Spannung an.

Unbekanntes Teil

Was ist das hier für ein Teil? Finde es heraus und nenne die wichtigste technische Angabe, die dazugehört.

....

....

....

....

....

Berechnung der Spannung (1)

Wenn ein Spannungspfeil in einen Schaltplan eingezeichnet ist: Wie muss man die Spannung berechnen, die dieser Pfeil anzeigt?

Spannung = [........................ / ....] – [........................ / ....]

Berechnung der Spannung (2)

Berechne die Spannungen U_1 bis U_3.

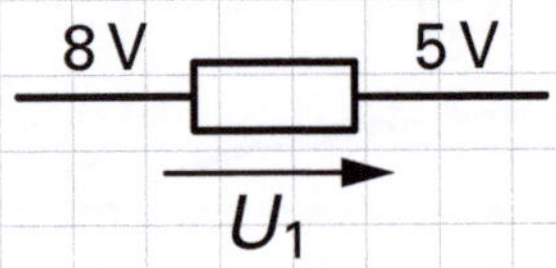

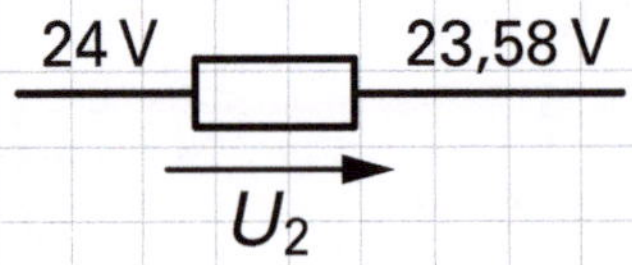

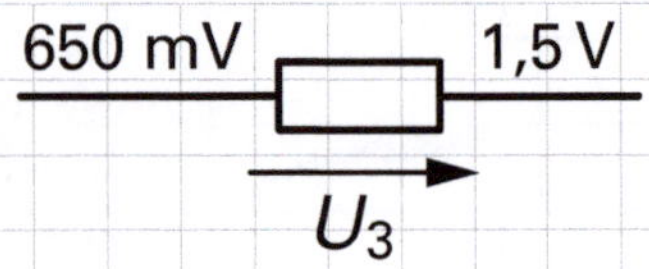

U_1 =

U_2 =

U_3 =

Spannungen am Netzgerät

Bei dieser Aufgabe sollst Du Spannungen an einem Netzgerät ausrechnen. Die Pfeile zeigen jeweils die Richtung an, wie die Spannung gezählt werden muss. Verwende zur Berechnung die Formel für die Berechnung von einer Spannung aus zwei Potenzialen. Achte auf die Vorzeichen. Einer der Pfeile ist verkehrt herum gezeichnet!

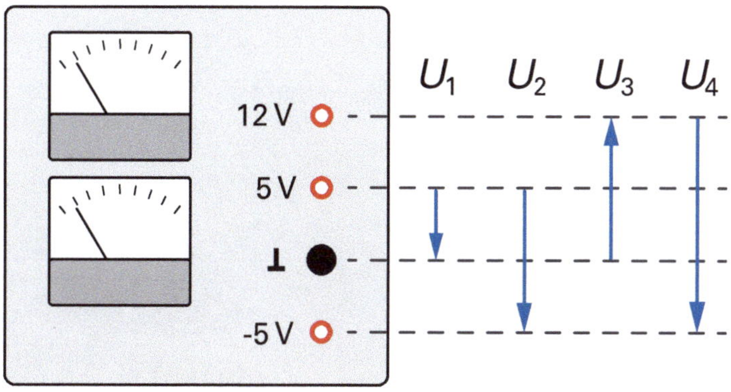

$U_1 =$ .... $U_2 =$ ....

$U_3 =$ .... $U_4 =$ ....

Chassis ground in a automobile

Lies Dir den nachfolgenden englischsprachigen Text durch und beantworte die darunterstehende Frage:

„A good example for using a chassis ground for common connection can be found in the electric system of an automobile. The electrical systems in automobiles are typically negative earth circuits, which means that the negative battery terminal is connected to the body of the vehicle. The chassis ground point on a vehicle is typically a large, integral stud or bolt close to the battery, and connected directly to the negative battery terminal."

Warum sind alle Geräte und Verbraucher in einem Pkw nur mit einer Leitung an die Autobatterie angeschlossen?

....

....

....

....

....

Von der Galvanischen Säule zum Smartphone: Die Elektrotechnik hat in den letzten Jahrhunderten einen rasanten Aufstieg erfahren. Dabei hat sie sich in viele Teilgebiete aufgefächert, die alle ihre eigene Fachsprache haben.

Bereiche der Elektrotechnik

Die **Energietechnik** ist die Basis unserer Stromversorgung. Sie befasst sich mit der Erzeugung und Verteilung von elektrischer Energie. Dazu gehören die Technik von Kraftwerken und ihren Anlagen, die Leitungsnetze zum Transport des Stromes und die Anlagentechnik in großen Industriebetrieben. Die Stromversorgung in großem Maßstab ist möglich geworden durch Generatoren. *Werner von Siemens* entdeckte 1867 das Prinzip, nach dem **Generatoren** bis heute funktionieren.

Bild 1: Arbeiter schließen einen Hochspannungstransformator an, der einen Stadtteil mit Strom versorgt.

Die **Nachrichten- und Hochfrequenztechnik** sind weitere große Gebiete. Sie umfassen alles, was mit Kommunikation zu tun hat. Dazu gehören vor allem die großen funktechnischen und leitungsgebundenen **Kommunikationsnetze**. Sie bilden die Basis u. a. für das Internet. Aber auch andere Technologien wie z. B. die Radartechnik und die Kommunikationssatelliten gehören dazu.

Ab den 40er Jahren des 20. Jahrhunderts hat die Erfindung des **Transistors**, eines **Halbleiterbauelementes**, die gesamte Elektrotechnik stark verändert. Halbleiter sind spezielle Werkstoffe. In ihnen bewegen sich Elektronen auf viel kompliziertere Weise als z. B. in Metallen. Daher nennt man diesen Teilbereich **Elektronik**.

Der Transistor hat es möglich gemacht, elektronische Geräte für die Kommunikationstechnik, Unterhaltungselektronik und Computertechnik preisgünstig und kompakt herzustellen.

Der erste universell einsetzbare Computer wurde 1941 von *Konrad Zuse* gebaut. Später konnte man mit Mikroprozessoren kleine und leistungsfähige Computer konstruieren. Es begann der Siegeszug der **Informationstechnik**. Er reicht vom PC über das Internet bis zu modernen Smartphones.

Bild 2: Eine Technikerin überprüft die Unterverteilung einer Elektroinstallation

Bild 3: Ein moderner Mikroprozessor auf dem Mainboard eines Computers

Die **Installationstechnik** umfasst alles, was man braucht, um Wohnungen, Häuser und Betriebe mit Strom zu versorgen. Dazu gehören die passenden Leitungen und Schalter. Vorschriften und Normen müssen befolgt werden. Wichtig sind vor allem die Schutzmaßnahmen zur Unfallverhütung.

***Bild 4:** Montage von Steckdosen.*

Betriebsmittel und Bauelemente

Elektrische **Betriebsmittel** sind größere Geräte und Teile im Bereich der Elektroinstallationstechnik. Dazu zählen beispielsweise Leitungen, Schalter, Motoren, Transformatoren und vieles andere.

Bauelemente, Bauteile oder Komponenten sind kleinere Teile, die eher in Geräten verbaut werden. Dazu zählen Schalter, kleinere Sicherungen, kleinere Transformatoren und die große Gruppe der elektronischen Bauelemente, zu denen z. B. Transistoren und integrierte Schaltungen gehören.

Eine elektrische **Schaltung** sind mehrere elektrische oder elektronische Bauelemente, die zusammen eine sinnvolle Funktion erfüllen und dafür elektrisch miteinander verbunden sind. Meist befindet sich eine elektrische Schaltung in einem Gerät. Eine elektrische Schaltung kann als **Schaltplan** gezeichnet werden.

In Häusern oder noch größeren Bereichen nennt man den Zusammenschluss von elektrischen Bauteilen oder Betriebsmitteln eine **Installation** oder eine elektrische **Anlage**.

***Bild 5:** Ein Hochspannungsschalter. Er ist ein Betriebsmittel der Energieversorgung.*

Die Leitungen und Betriebsmitteln, die landesweit und auch länderübergreifend unsere Stromversorgung sichern, nennt man **Versorgungsnetz** oder einfach nur **Netz**.

Schaltsymbole, Schaltpläne und Anlagen

Schaltzeichen (oder auch Schaltsymbole genannt) sind stark vereinfachte Zeichnungen von elektrischen Betriebsmitteln oder Bauelementen. Sie sind genormt, also einheitlich und daher leicht wiederzuerkennen.

Geräte oder elektrische Installationen werden mit **Schaltplänen** dargestellt. Es gibt für die verschiedenen Bereiche der Elektrotechnik verschiedene Varianten von Schaltplänen, die oft sehr speziell sind.

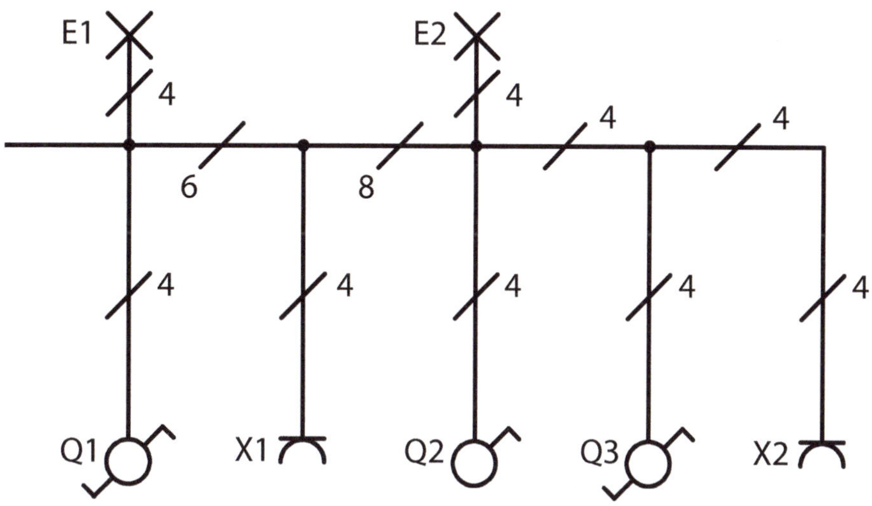

***Bild 6:** Der Stromlaufplan für einen Teil der Elektroinstallation in einem Wohnhaus. Die Symbole zeigen Lampen, Schalter und Steckdosen. Mehradrige Leitungen sind nur als einzelne Linien gezeichnet. Wie in anderen Bereichen der Elektrotechnik auch, haben solche Stromlaufpläne ihre eigene Sprache.*

Begriffe der Elektrotechnik

Erkläre die nachfolgenden Begriffe mit wenigen Worten. Du musst dabei mit dem wenigen Platz auskommen, das ist hier besonders wichtig.

Energietechnik: ....

....

Nachrichtentechnik: ....

....

Transistor: ....

....

Bauelemente: ....

....

Betriebsmittel: ....

....

Schaltung: ....

....

Anlage: ....

....

Schaltsymbol: ....

....

Schaltplan: ....

....

Installationstechnik: ....

....

Elektrotechnische Berufe

Es gibt ziemlich viele Ausbildungsberufe in der Elektrotechnik. Informiere Dich in der Wikipedia oder auf anderen Homepages, welcher dieser Ausbildungsberufe für Dich in Frage käme. Schreibe eine kurze Zusammenfassung der Tätigkeitsfelder dieses Berufes auf.

Beruf: ....

Tätigkeiten: ....

....

....

....

....

....

Die bedeutendste elektrotechnische Erfindung

Suche eine elektrotechnische Erfindung oder Entdeckung aus den letzten Jahrhunderten heraus, von der Du denkst, dass es die bedeutendste ist. Schreibe auf, wann und von wem die Erfindung gemacht wurde. Schreibe auch auf, warum diese Erfindung noch heute für die Elektrotechnik wichtig ist.

....

....

....

....

....

....

....

....

Video: Elektriker Horst

Schau Dir den Film ***Elektriker Horst – Die 5 Sicherheitsregeln*** (Youtube, 15 Min.) an. Beantworte folgende Frage: Was ist ein/eine VEFK ? Gib eine ausführliche Erklärung.

Normen für Schutzmaßnahmen

Es gibt ein Normenwerk im deutschsprachigen Raum, das jeder Elektriker nach seiner Ausbildung kennt. Schaue im Internet nach: Wie heißt es? Worum geht es darin?

[vel.plus/EB02]

Unfallverhütungsvorschriften

Zusätzlich zu den oben beschriebenen Normen gibt es die *Unfallverhütungsvorschriften*. Was ist darin enthalten? Wo kommen sie her? Suche im Internet oder in elektrotechnischen Büchern danach.

Die fünf Sicherheitsregeln

Beim Arbeiten an elektrischen Anlagen müssen Vorsichtsmaßnahmen getroffen werden, um Stromunfälle zu verhindern. Dabei müssen die fünf Sicherheitsregeln befolgt werden. Diese Regeln findest Du in fast jedem Elektrotechnik-Lehrbuch und auf vielen Homepages. Schreibe die Fünf Sicherheitsregeln auf.

1. ....
2. ....
3. ....
4. ....
5. ....

Die zweite Sicherheitsregel

Finde heraus, bei welchem Arbeitsvorgang dieses Schild zur Anwendung kommt und warum der Hinweis, der hier gegeben ist, derart wichtig ist. Finde auch heraus, an welchen Betriebsmitteln dieses Schild angebracht werden kann. Schreibe Deine Erkenntnisse auf.

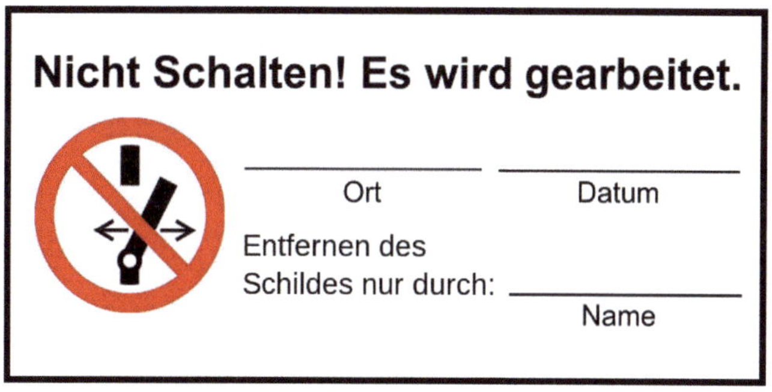

Gleich- und Wechselspannungen

Gleichspannungen ändern ihre Polarität nie, Plus und Minus bleiben immer gleich. Bei Wechselspannungen hingegen wechseln sich Plus und Minus ständig ab.
Für Gleich- und Wechselstrom bzw. -spannungen findet man in Büchern oft die Abkürzungen DC und AC. Finde mithilfe des Internets oder eines anderen Buches heraus, welche Bedeutung die beiden Abkürzungen haben.

AC
Wörtlich: .... Bedeutung: ....

DC
Wörtlich: .... Bedeutung: ....

Die erste Sicherheitsregel

Bei einer Feier geht plötzlich das Licht aus. Eine Glühlampe ist durchgebrannt. Du hast schnell eine neue Glühlampe zur Hand. Damit Du keinen elektrischen Schlag bekommst, schaltest Du den Strom mit dem Lichtschalter aus und bist gerade dabei, auf eine Leiter zu steigen. Da meint einer der Gäste, dass bei dieser Vorgehensweise die erste Sicherheitsregel nicht beachtet ist. Informiere Dich, warum, und schreibe Deine Erkenntnisse auf.

....

....

....

....

Symbole aus der Installationstechnik

In der Elektroinstallationstechnik sind spezielle Symbole in Schaltplänen für die Elektroinstallation gebräuchlich. Finde die Bedeutung der folgenden Symbole mithilfe anderer Bücher oder des Internets heraus.

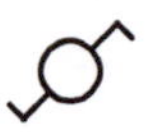 ....

 ....

 ....

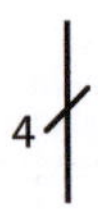 ....

2 Der elektrische Strom

Der elektrische Strom

Strom ist Bewegung von Elektronen – ganz im Gegenteil zur Spannung, die nur unbeweglicher Druck ist. Man sollte wissen, was Leiter und Isolatoren sind und wie schnell der Strom fließt.

Leiter und Isolatoren

Elektrische Spannung ist elektrischer Druck, der von stehenden Ladungen erzeugt wird. Der elektrische Strom hingegen ist die Bewegung von Ladung. Ladungen in der Elektrotechnik sind Elektronen.

Elektronen bilden die Hüllen der Atome, aus denen die Materie unserer Welt besteht. Einige Atomarten können Elektronen leicht abgeben. Man nennt sie **Leiter**. Eine andere Gruppe von Materialien stellt keine Elektronen zur Stromleitung zur Verfügung. Diese nennt man **Isolatoren**.

Legt man nun eine Spannung an einen Leiter an, so bewegen sich die Elektronen in eine gemeinsame Richtung. Es fließt elektrischer Strom.

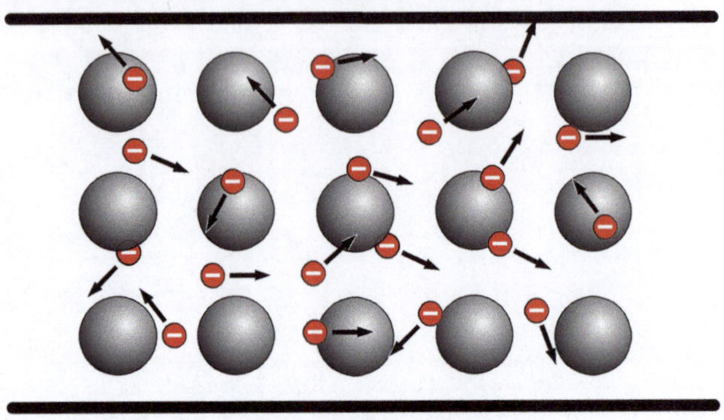

***Bild 1:** Ein elektrisch leitfähiges Material. Ohne Spannung verteilen sich die Elektronen unregelmäßig.*

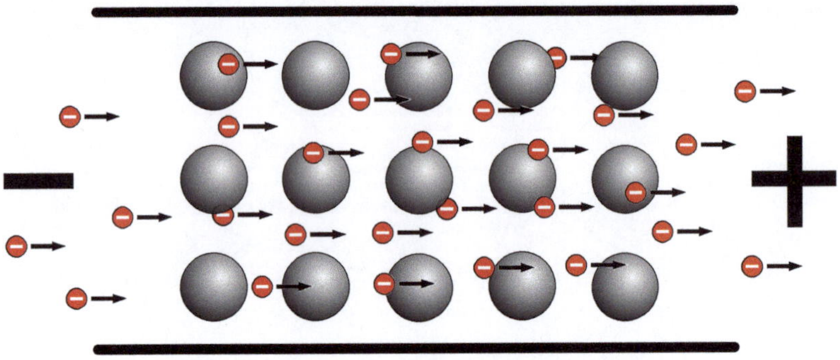

***Bild 2:** Wird eine Spannung angelegt, bewegen sich die Elektronen gemeinsam zum Pluspol. Es fließt Strom.*

In welche Richtung fließt der Strom?

André-Marie Ampère befasste sich um 1820 mit den Wirkungen des elektrischen Stromes. Er war der erste, der eine Stromrichtung festlegte – und zwar von Plus nach Minus, weil das gut zu seinen chemischen Experimenten passte. Von Elektronen wusste man damals noch nichts. Diese Stromrichtung wird bis heute in der Technik verwendet und als **technische Stromrichtung** bezeichnet (Bild 3). Heute weiß man, dass der Strom aus Elektronen besteht. Sie sind negativ geladen und werden vom Pluspol angezogen, da hier Elektronenmangel herrscht. Daher bewegen sich die Elektronen tatsächlich von Minus nach Plus. Diese Richtung wird die **physikalische Stromrichtung** genannt. André-Marie Ampère war einer der wichtigsten Forscher auf dem Gebiet der Elektrizität. Zu Ehren Ampères ist die Einheit des elektrischen Stromes nach ihm benannt worden.

***Bild 3:** Physikalische und technische Stromrichtung.*

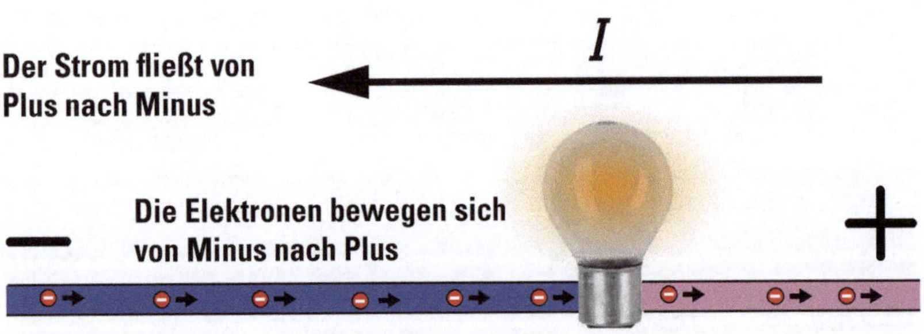

Strom	
Formelbuchstabe	I
Einheit	A (Ampere)

Wie schnell fließt der Strom?

Wir kennen es nicht anders: Nach dem Einschalten des Lichtes ist es sofort hell. Tatsächlich breitet sich die Wirkung des elektrischen Stromes mit Lichtgeschwindigkeit aus, also 300000 km/s. Die Elektronen selbst bewegen sich aber nur mit ca. 20 cm/s durch den Leiter. Ein elektrischer Leiter ist wie ein gefüllter Wasserschlauch: Für jedes Elektron, das vorne dazukommt, fällt am Ende sofort eines hinaus. Damit ist die Wirkung viel schneller als die Bewegung selbst.

Bild 4: Langsame Elektronen im Strom

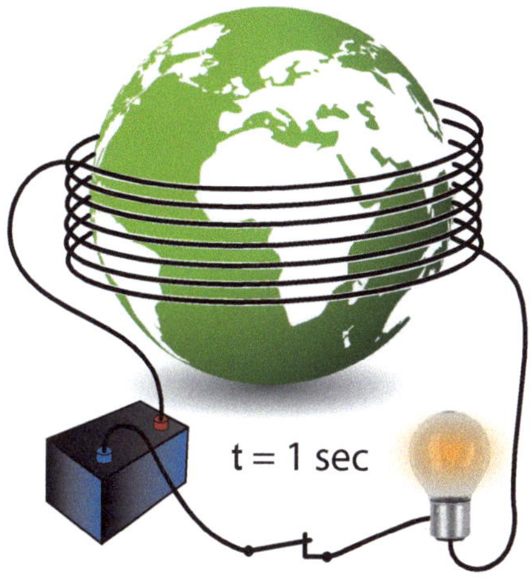

Bild 5: Schnelle Wirkung des Stromes

Leitungen

Zum Transport des Stromes verwendet man **Leitungen**. Sie bestehen aus Leitern („**Adern**") aus gut leitfähigem Metall, z. B. Kupfer. Drumherum haben Leitungen eine isolierende Umhüllung aus Kunststoff (die **Isolation**). Leitungen haben oft mehrere innere Leiter, die voneinander isoliert sein müssen. Bei flexiblen Leitungen sind die Adern aus vielen einzelnen dünnen Drähten hergestellt, den sogenannten **Litzen**. Leitungen, die mit einer dickeren schützenden Hülle versehen und in Gebäuden oder Anlagen fest installiert sind, nennt man **Kabel**.

Der metallische Querschnitt von Leitungen muss immer ausreichend sein, damit die Leitung nicht überlastet wird. Umgekehrt darf der Strom bei einer Leitung nicht zu stark werden.

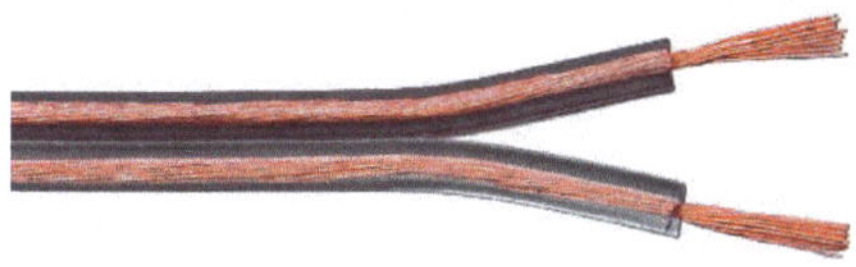

Bild 6: Eine 2-adrige Lautsprecherleitung. Die Isolation ist durchsichtig. Die Adern sind als Litze hergestellt, um die Leitung biegsam zu machen.

Welche Strommenge bewegt sich eigentlich?

Um herauszufinden, wie viel Strom sich tatsächlich bewegt, ist es nützlich, die physikalische Einheit für die Ladung zu kennen: Das **Coulomb** (**C**). 1 C ist die Menge von $6{,}25 \cdot 10^{18}$ oder 6250000000000000000 Elektronen, das sind ungefähr sechs Trillionen Elektronen. Soviele Elektronen muss man zusammenpacken, um auf eine Ladung (oder Menge) von 1 C zu kommen.

Wenn wir nun Strom fließen lassen, so bewegt sich die Ladung und damit die Elektronen.

Bewegung bedeutet, man muss auch die Zeit messen. Wenn Strom fließt, bewegt sich eine bestimmte Menge von Elektronen in einer bestimmten Zeit. Es gilt nun: Fließt ein Strom von 1 Ampere, so bewegen sich in einer Sekunde 6250000000000000000 Elektronen durch einen Querschnitt hindurch. Oder:

$$1\,A = 1\,C\,/\,s$$

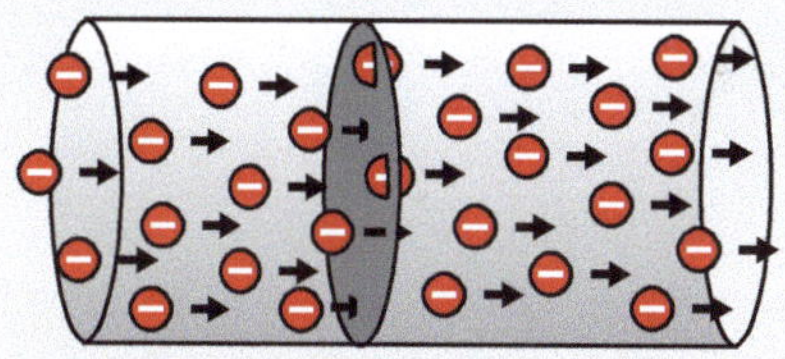

Elektronenfluss in einem Leiter. Bei einer Stromstärke von 1 A bewegt sich die Ladung 1 C pro Sekunde durch einen Querschnitt.

youtube.de → Strom & Spannung Grundlagen
planet-wissen.de → Technik → Energie → Elektrizität → Was ist Strom?
swm.de → Schulen → Interaktives Lernen in der Sek. I & II → Online-Lernspiele → Lernspiel „Elektronen und elektrischer Strom"
kids-and-science.de → Wie funktionierts? → Was ist elektrischer Strom?
youtube.de → Wie funktioniert Strom?
youtube.de → Wissen mit Witz 01 – Elektrischer Strom
leifiphysik.de → Elektrizitätslehre → Elektrische Grundgrößen
youtube.de → Was genau ist eigentlich Strom?
leifiphysik.de → Elektrizitätslehre → Stromwirkungen

Ladungsträger

Bearbeitet am: ____________

Zeichne ein Atom und markiere die Elementarteilchen, die für den elektrischen Stromfluss zuständig sind.

Leiter und Isolatoren

Bearbeitet am: ____________

Gib eine Erklärung, warum manche Materialien (vor allem Metalle) gute Leiter und die meisten anderen Materialien schlechte Leiter sind.

....

....

....

....

Elektrische Leitungen

Bearbeitet am: ____________

Zeichne den Aufbau einer einfachen elektrischen Leitung.

Gute und schlechte Leiter

Bearbeitet am: ____________________

Es gibt in der Elektrotechnik drei Metalle, die hauptsächlich in Leitungen verwendet werden. Sie leiten alle drei den Strom ziemlich gut. Es gibt aber doch noch kleine Unterschiede. Finde heraus, welche Metalle das sind und bringe sie in eine Reihenfolge, wobei das am besten leitende Metall die „1" bekommt und das am schlechtesten leitende eine „3".

1 ....

2 ....

3 ....

Schaltsymbole für Leitungen

Bearbeitet am: ____________________

Auch für Leiter gibt es Schaltsymbole. Die Schaltsymbole für Leitungen sind besonders einfach gezeichnet. In der nachfolgenden Tabelle siehst Du vier Schaltsymbole für Leitungen. Schreibe über die Symbole jeweils die passende Erklärung. Eine Auswahl von Erklärungen findest Du unter der Tabelle. Suche jeweils die passende Erklärung und schreibe sie in den oberen Teil der Tabelle.

– Eine Kreuzung von Leitungen ohne leitende Verbindung

– Eine Abzweigung mit leitender Verbindung

– Eine Kreuzung von Leitungen mit leitender Verbindung

– Eine einfache Leitung

Elektronenmenge

Bearbeitet am: ____________

Wenn 1 A eine Sekunde lang durch einen Draht fließt, wie viele Elektronen sind dann hindurchgeflossen?
Welche Ladungsmenge hat sich dann bewegt?

....

....

....

....

Größe und Einheit

Bearbeitet am: ____________

Welches sind die Einheit und der Formelbuchstabe des elektrischen Stromes?

Einheit: ....

Formelbuchstabe: ....

Geschwindigkeit des elektrischen Stromes

Bearbeitet am: ____________

Eine Beleuchtung einer Autobahn wird über einen Schalter eingeschaltet. Die letzte Leuchte ist 200 km vom Schalter entfernt. Berechne die Zeit, die vergeht, bis das Licht an der letzten Leuchte angeht.

Leitungen in der Elektroinstallation

Bearbeitet am: ____________________

Bei der Elektroinstallation in Häusern und Wohnungen werden standardisierte Leitungen verlegt. Sie werden durch bestimmte Bezeichnungen gekennzeichnet. Finde heraus, welche Leitung die am häufigsten verlegte ist und schreibe die Bezeichnung auf.

Typ: ....

Kapazität von Akkus

Bearbeitet am: ____________________

Das Speichervermögen von Akkus wird Kapazität genannt. Diese Kapazitäten von Akkus werden in Ah (Amperestunden) oder im mAh (Milliamperestunden) angegeben. Wenn ein Akku eine Kapazität von 4 Ah hat, heißt das, dass er z. B. 4 A eine Stunde lang oder 0,5 A acht Stunden lang abgeben kann.

Rechne aus, wie lange ein Pkw-Akku mit einer Kapazität von 80 Ah theoretisch eine kleine Glühlampe betreiben kann, die einen Strom von 500 mA benötigt.

[vel.plus/EB03]

Gefahren des elektrischen Stromes

Bearbeitet am: ____________________

Elektrischer Strom kann gefährlich sein. Bei einem Stromschlag kommt es hauptsächlich auf die Stromstärke und die Dauer der Einwirkung an. Dazu gibt es ein Diagramm, das Du im Internet und in den meisten elektrotechnischen Büchern findest. Finde heraus, bei welcher Einwirkdauer aus unserem Stromversorgungsnetz die folgenden Stromstärken tödlich sein können:

50 mA ab .... 200 mA ab ....

Größenvorsätze umwandeln

Bearbeitet am: ____________

Jetzt sollst Du selbst ein paar Aufgaben stellen – und zwar für Deinen Nachbarn. Beachte, dass der kleinste in der Technik übliche Größenvorsatz für die Stromstärke in Ampere meistens das Mikro (μ) ist und der größte gebräuchliche Größenvorsatz das Kilo (k) ist.
So gehst Du vor: Du schreibst Aufgaben auf einem anderen Blatt auf (ohne Lösung natürlich) und löst sie selbst zur Probe. Dann schreibst Du sie hier in Dein Buch. Danach tauscht Ihr Eure Bücher aus und Dein Nachbar löst Deine Aufgaben und Du diejenigen, die Dir Dein Nachbar gestellt hat. Anschließend wird zurückgetauscht und Ihr dürft Noten vergeben. Stelle nur Aufgaben, die Du selbst lösen kannst!

__________ = ? __________ __________ = ? __________

__________ = ? __________ __________ = ? __________

__________ = ? __________ __________ = ? __________

__________ = ? __________ __________ = ? __________

Note : __________

Wirkungen des elektrischen Stromes

Bearbeitet am: ____________

Der elektrische Strom hat verschiedene Wirkungen, die man in der Technik ausnutzt. Einige davon sind gut sicht- oder fühlbar, andere laufen eher im Verborgenen ab. Finde die Wirkungen des elektrischen Stromes heraus und schreibe sie zusammen mit einem Beispiel der Anwendung in die nachfolgende Tabelle.
Du findest im Internet viele Webseiten mit Infos zu dieser Fragestellung. Auch in den meisten Büchern zur Elektrotechnik sind die Wirkungen des elektrischen Stromes erklärt.

Wirkung des elektrischen Stromes	Beispiel einer Anwendung

Richtung des Stromes

Bearbeitet am: ____________________

Stell Dir vor, Du arbeitest als Elektriker auf einer Baustelle und bekommst folgende Frage gestellt: „In welche Richtung fließt denn nun der Strom, von Plus nach Minus oder von Minus nach Plus? Und wo sind in einer Steckdose Plus und Minus?“ Gib eine fachmännische Antwort!

Leitfähigkeit

Bearbeitet am: ____________________

Es gibt in der Elektrotechnik zwei Gruppen von Materialien, die sich wesentlich in ihrer Leitfähigkeit unterscheiden. Wie bezeichnet man diese Gruppen von Materialien? Warum unterscheiden sie sich in der Leitfähigkeit so stark? Welches sind typische Vertreter der jeweiligen Gruppen?

Sicherungen

Bearbeitet am: ____________________

Zu hohe Ströme werden in der Elektrotechnik durch Sicherungen verhindert. Es gibt viele verschiedene Sicherungstypen, aber alle lassen sich in eine von zwei Gruppen einteilen. Diese beiden Gruppen unterscheiden sich wesentlich voneinander. Finde den Unterschied heraus.

Video: André-Marie Ampère

Bearbeitet am: ____________________

Schau Dir den Film ***André-Marie Ampère und der Elektromagnetismus*** (YouTube, 15 Min.) an. Beantworte folgende Frage: Was passiert mit zwei dicht nebeneinader liegenden Leitern, die beide von einem starken Strom durchflossen werden? Wie ist das zu erklären? Mit welcher Wirkung des Stromes hat sich Ampère hauptsächlich befasst?

Strom spüren?

Bearbeitet am: ____________________

Hin und wieder hört man von Menschen, die angeblich den Stromfluss durch Leitungen spüren können – ohne Hilfsmittel. Nach genaueren wissenschaftlichen Untersuchungen hat das bis heute noch nie funktioniert und ist daher eher der Zauberei zuzuordnen.
Aber mit Hilfsmitteln und natürlich ohne Zauberei, wie könnte man feststellen, ob durch eine gewöhnliche isolierte Leitung Strom fließt? Welche Messgeräte würdest Du verwenden und was würdest Du versuchen zu messen?

[vel.plus/EB04]

The three effects of an electric current

Bearbeitet am: ____________________

Der folgende englischsprachige Text erläutert die drei wichtigsten Wirkungen des elektrischen Stromes. Die angegebenen Vokabeln helfen Dir, ihn zu verstehen. Beantworte die darunterstehenden Fragen auf Deutsch.

Heating effect: The electric current is the flow of electrons. It causes an increase of the temperature of the conductor. The amount of heat depends upon the type and dimension of the conductor and the quantity of current flowing. The heating effect of an electric current is also the principle upon which a fuse gives protection to a circuit. If an excessive current flows, the fuse overheats and melts and so it's breaking the circuit.

Magnetic effect: Whenever a current flows in a conductor, a magnetic field is set up around the conductor. A conductor with current and wound into a solenoid produces a magnetic field. The magnetic field is very similar to a permanent magnet. But it has the advantage of being switched on or off by a switch which controls the current.

Chemical effect: Two different metals plated in a conducting liquid can react chemically with the liquid. In industry the process can be used for electroplating. Electroplating gives a base metal a more attractive appearance. An example ist silver plating at spoons. Another chemical effect in a electrolyte can make a voltage and produces current, when a load is connected. This arrangement is called a cell. A battery is made up of a number of cells.

1. Welches sind die drei wichtigsten Wirkungen des Stromes?

2. Wie funktioniert eine Sicherung?

3. Was ist der Unterschied zwischen einem Elektromagnet und einem Dauermagnet?

4. Die chemische Wirkung des Stromes kann auf zwei Arten genutzt werden. Welche?

Heating effect – Wärmewirkung	quantity – Menge, Größe	advantage – Vorteil
current – Strom	protection – Schutz	switch on – einschalten
flow – Fluss	overheating – Überhitzen	liquid – Flüssigkeit
it causes – es bewirkt	melt – schmelzem	electroplating – Galvanisieren
increase – Zunahme	Magnetic effect – magnetische Wirkung	appearance – Aussehen
conductor – Leiter	is set up – wird aufgebaut	spoon – Löffel
amount – Menge	wound – gewickelt	load – Verbraucher
depends – hängt ab	solenoid – Magnetspule	is called – wird genannt
dimension – Abmessungen	similar – ähnlich	cell – Zelle

Elektrische Wärme

Bearbeitet am: ____________________

Elektrische Heizöfen verbrauchen viel Energie, wie alle Geräte, bei denen aus Strom Wärme erzeugt wird. Finde noch weitere Geräte, bei denen die Wärmewirkung des elektrischen Stromes ausgenutzt wird. Schreibe die Geräte auf und rechts daneben, welcher Stoff oder welcher Gegenstand jeweils erwärmt wird.

.... : ....

.... : ....

.... : ....

.... : ....

.... : ....

Licht aus Strom

Bearbeitet am: ____________________

Es gibt mehrere Möglichkeiten, aus elektrischem Strom Licht zu gewinnen. Sie unterscheiden sich im Stromverbrauch und bei den Kosten für die Lampen. Es sind heute (Mitte 2017) vier Varianten von Bedeutung, die man kaufen kann. Die älteste Variante ist fast ganz vom Markt verschwunden. Die modernste Art der Lichterzeugung nutzt den Strom optimal aus und die Leuchten haben die höchste Lebensdauer.
Finde die vier Arten der Leuchtmittel und schreibe sie in die Tabelle!

Art des Leuchtmittels	Eigenschaften
	Preiswert, veraltet, mittlerweile nicht mehr erlaubt
	Preiswert, hohe Lichtausbeute, in Gewerbe und Industrie verbreitet
	Modernste Variante, hohe Lichtausbeute, hoher Wirkungsgrad
	Kleines Leuchtmittel, oft für 12 V Betriebsspannung, in Pkw und für Raumbeleuchtung zu finden

3 Der Stromkreis

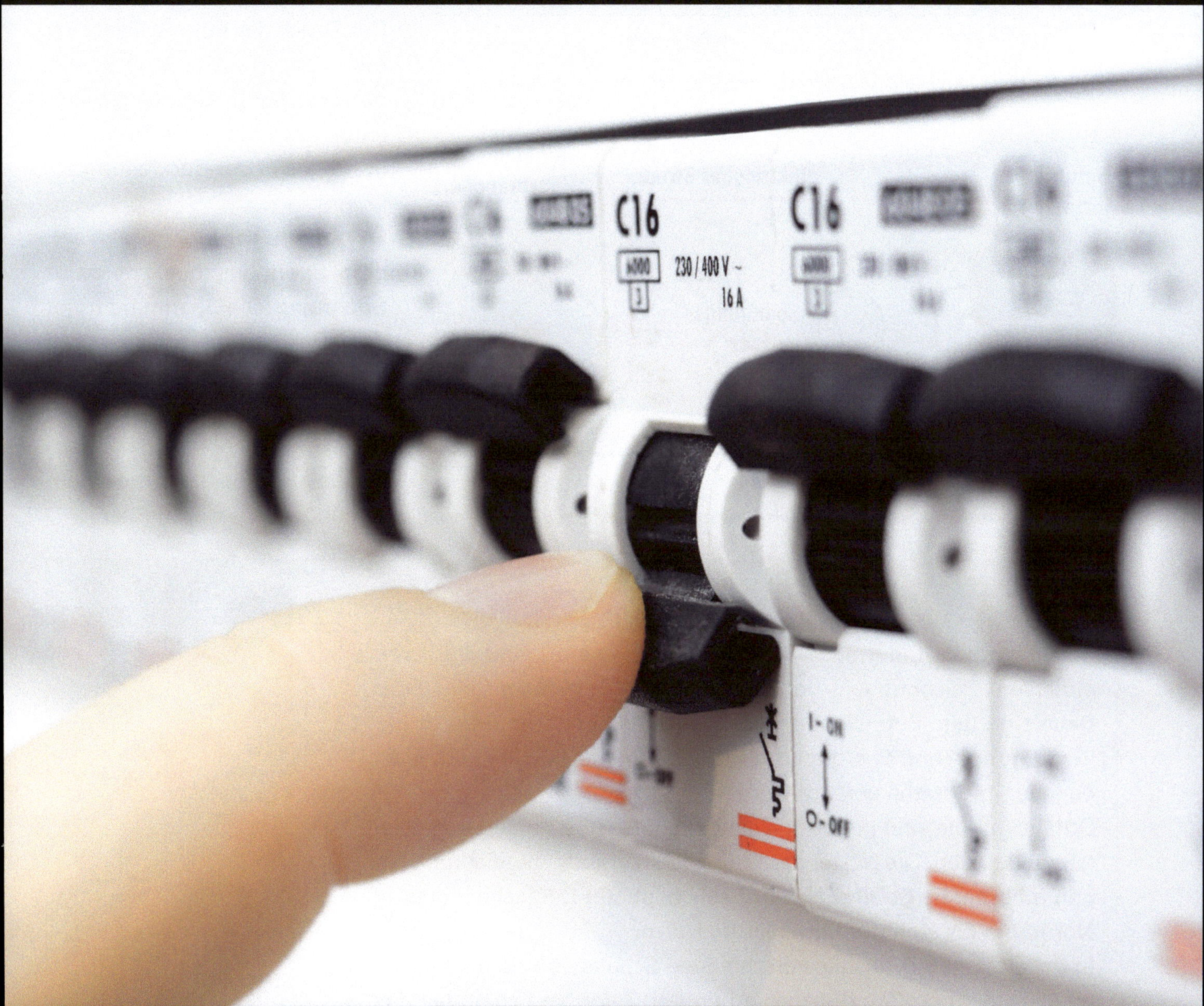

Strom kann nur durch einen geschlossenen Stromkreis fließen. Erzeuger, Leitungen und Verbraucher gehören immer dazu. Ein offener Stromkreis lässt keinen Strom fließen, ein Kurzschluss zuviel davon. Der Druck der Spannungsquelle treibt den Strom über die Leitungen durch den Verbraucher.

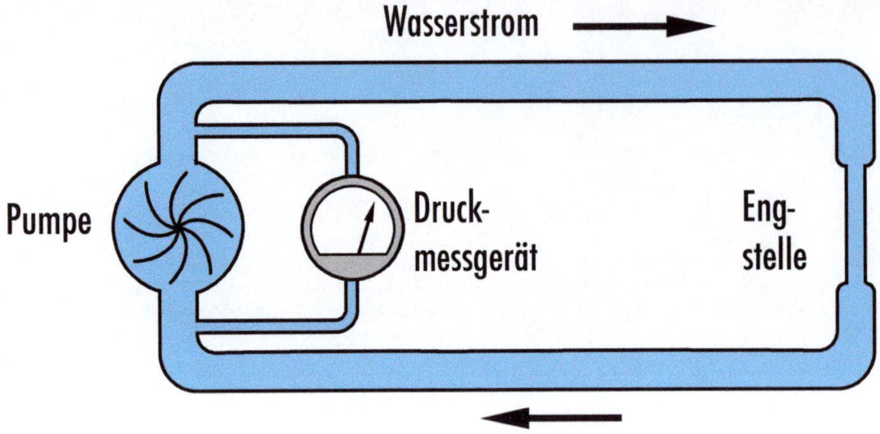

Bild 1: Ein Wasserkreislauf. Die Pumpe erzeugt den Druck.

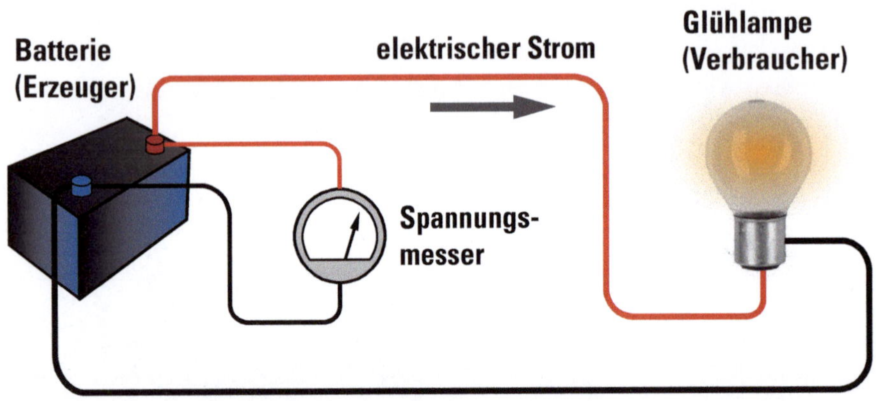

Bild 2: Ein Stromkreis. Die Batterie (als Spannungsquelle) erzeugt den Druck.

Der Wasserkreislauf

Ein Wasserkreislauf verhält sich ganz ähnlich zu einem Stromkreis. Eine Pumpe erzeugt Druck. Der Druck treibt den Wasserstrom durch eine Engstelle hindurch. Dazu muss es eine Hinleitung und eine Rückleitung geben.

Der Druck der Pumpe lässt sich mit einem Druckmessgerät messen. Der Druck in der Hinleitung oberhalb der Pumpe ist höher als in der Rückleitung.

Der Stromkreis

Eine Spannungsquelle erzeugt Spannung. Die Spannung treibt den elektrischen Strom durch den Verbraucher. Es gibt eine Hinleitung und eine Rückleitung. Die Spannung der Spannungsquelle lässt sich mit einem Spannungsmesser messen.

Schaltsymbole

Schaltsymbole (oder auch **Schaltzeichen** genannt) sind stark vereinfachte Zeichnungen von elektrischen **Betriebsmitteln** oder **Bauelementen**. Betriebsmittel sind größere Geräte im Bereich der Versorgungs- und Energietechnik. Bauelemente sind kleinere Teile, die eher in Geräten verbaut werden.

Schaltsymbole sind genormt, also einheitlich und daher leicht wiederzuerkennen. Die Norm, nach der Schaltsymbole gezeichnet werden müssen, heißt DIN EN 60617. **DIN** bedeutet **D**eutsche **I**ndustrie **N**orm und **EN** steht für **E**uropäische **N**orm.

In **Schaltplänen** sind viele verschiedene Schaltsymbole mit Leitungen zu einem großen Ganzen verbunden. Zeigt der Schaltplan das Innenleben eines Gerätes, sagt man auch **Schaltung** dazu. Pläne, die die Elektrik eines Hauses oder eines Industriebbetriebes zeigen, nennt man **Stromlaufpläne**.

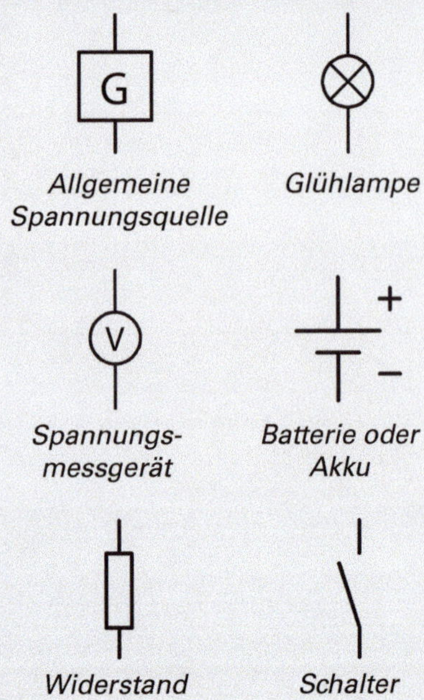

Erzeuger, Leitungen und Verbraucher

Ein Stromkreis besteht aus einem Erzeuger, einem Verbraucher und den Leitungen, die vom Erzeuger zum Verbraucher führen.

Bei einer zerlegten Taschenlampe lassen sich diese Bestandteile gut sehen. Bei den meisten Stromkreisen sind sie jedoch unsichtbar. Elektrische und elektronische Geräte können aus vielen tausenden Stromkreisen bestehen, die meistens auf komplizierte Weise miteinander verbunden sind.

Die Leitungen sind hier oft als Leiterbahnen auf Platinen zu finden.

Bild 3: Leiterbahnen auf einem PC-Mainboard

Kurzschlüsse

Wenn der Strom ohne Unterbrechnungen fließen kann, spricht man von einem **geschlossenen** Stromkreis. Bei einem geschlossenen Stromkreis ohne Verbraucher hat man einen **Kurzschluss**.

Bei einem Kurzschluss fließt der Strom **direkt** vom Pluspol zum Minuspol. Dies ist immer gefährlich, da es keinen Verbraucher mehr gibt, der dem Strom einen Widerstand entgegensetzen kann. Die gespeicherte Energie der Spannungsquelle kann also nur in der Spannungsquelle selbst freigesetzt werden. Feuer und Explosionen können die Folge sein, vor allem bei größeren Leistungen. Um dies zu verhindern, werden Stromkreise bei Kurzschlüssen durch **Sicherungen** unterbrochen.

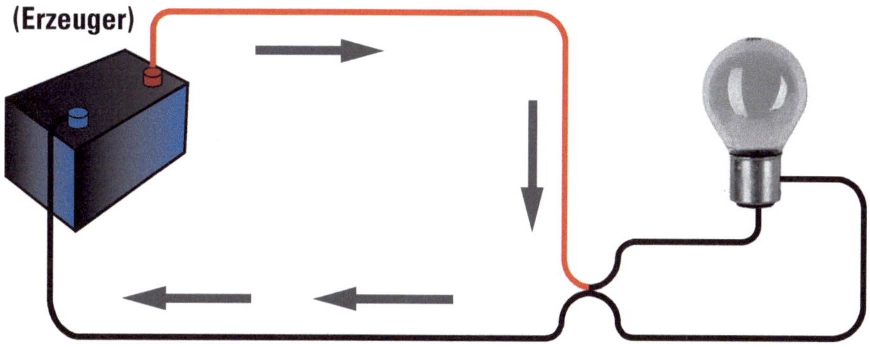

Bild 4: Ein Kurzschluss. Der Strom fließt nicht mehr durch den Verbraucher.

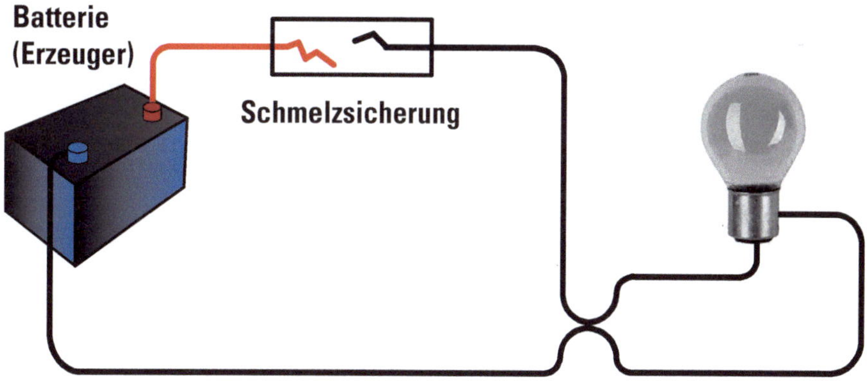

Bild 5: Eine Schmelzsicherung im Stromkreis unterbricht bei einem Kurzschluss den Stromfluss.

swm.de → Schulen → Sekundarstufe I & II → Interaktives Lernen → Online-Lernspiele zur Elektrizität
kids-and-science.de → Wie funktionierts? → Was ist ein Kurzschluss
elektronik-kompendium.de → Elektronik Grundlagen → Stromkreisgesetze → Stromkreis
youtube.de → Kurzschluss Lehrfilm
youtube.de → Wie funktioniert ein Stromkreis?
leifiphysik.de → Elektrizitätslehre → Einfache Stromkreise → Vom Stromkreis zum Schaltplan
edumedia-sciences.com → (Sprache „Deutsch“ wählen) → Grundschule → Technik → Elektrizität → Stromkreis

Schaltplan eines Stromkreises

Bearbeitet am: ____________________

Zeichne den Schaltplan eines Stromkreises, der aus einer Batterie, den Leitungen und einer Leuchte als Verbraucher besteht. Zeichne anschließend die Pfeile für Strom und Spannung ein sowie ein PLUS und ein MINUS.

Video: Elektrische Schalter

Bearbeitet am: ____________________

Schau Dir den Film ***Wie funktioniert ein Schalter – Wissen macht AH*** bei YouTube (3.30 min) an und beantworte folgende Fragen: Wie werden elektrische Kontakte unterbrochen und wieder geschlossen? Welche Bauformen von Schaltern werden gerne in Geräte eingebaut?

....

....

....

....

Steckverbinder

Bearbeitet am: ____________________

Warum werden elektrische Geräte im Haushalt mit ihren Leitungen nicht einfach fest mit der Stromversorgung verbunden, sondern mit Steckern und Steckdosen angeschlossen?

....

....

....

....

Innenleben einer Taschenlampe

Bearbeitet am: ____________________

Dein Kollege hat ein Problem mit seiner alten Taschenlampe – sie leuchtet nicht mehr. Beim Versuch einer Reparatur sind ihm leider alle Teile herausgefallen. Schau Dir die Teile genau an und stelle eine Vermutung an, welche Teile zum Stromkreis der Taschenlampe gehören und welche Funktion sie dabei haben. Du kannst zu den Teilen im Foto Linien ziehen und die entsprechenden Erklärungen daranschreiben. Wenn Du Dir nicht sicher bist, benutze erstmal einen Bleistift.

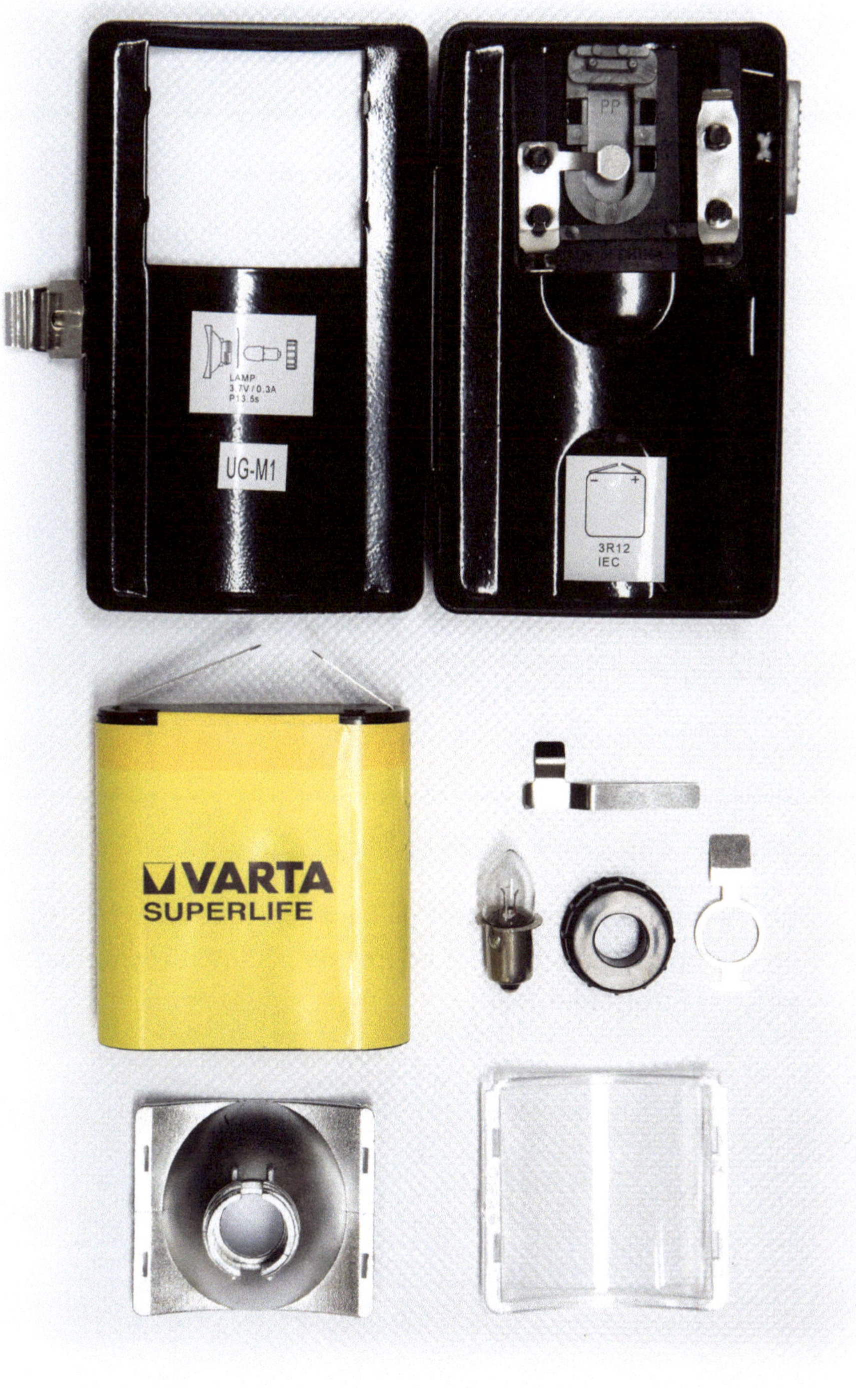

Masse und Erde

Bearbeitet am: ____________

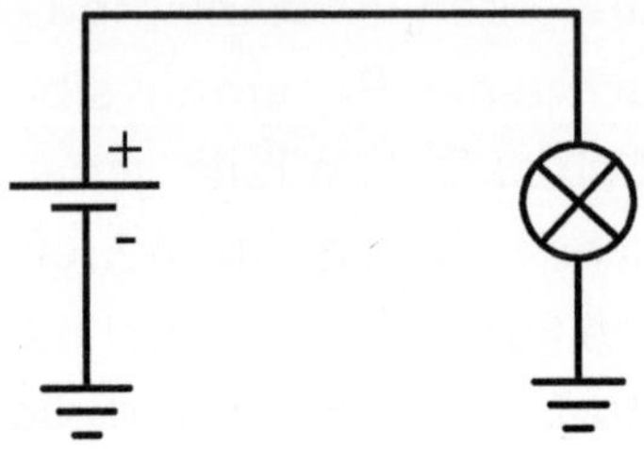

Schau Dir diesen Stromkreis an: Es fehlt offensichtlich der Rückleiter für den Strom. Aber es funktioniert trotzdem. Finde heraus, wie der Strom zurück fließen kann, und schreibe es auf.

Schalterarten

Bearbeitet am: ____________

Diese beiden Schalter funktionieren verschieden. Gib eine fachmännische Erläuterung.

[vel.plus/EB05]

Stromkreisarten

Bearbeitet am: ____________

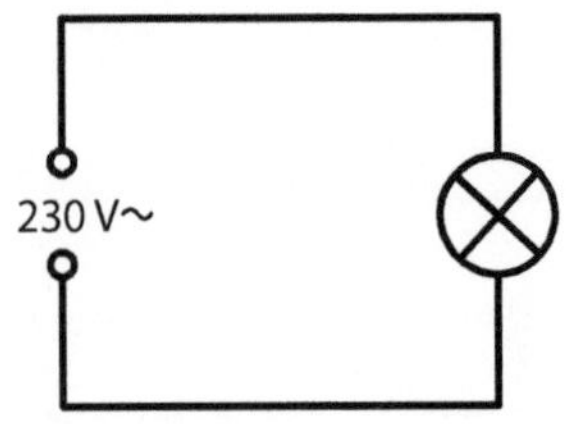

Bei diesem Stromkreis gibt es kein Plus und kein Minus an der Spannungsquelle. Erkläre warum und beschreibe, wie der Strom hier fließt.

Rätselhafte Teile

Bearbeitet am: ______________

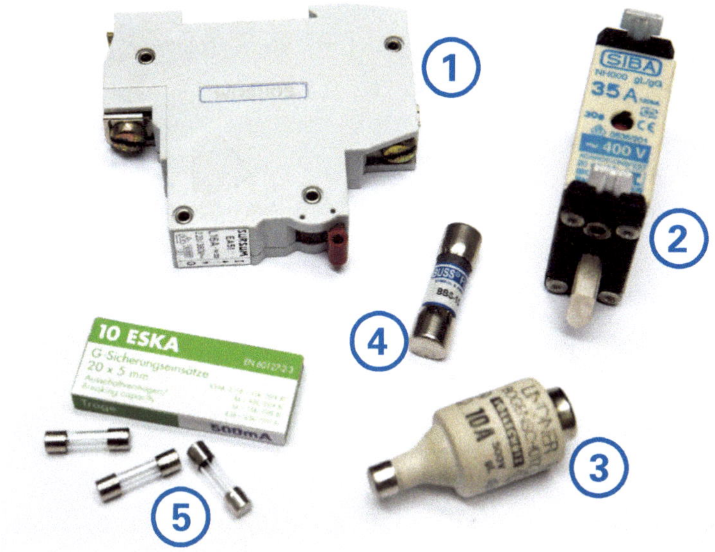

Was sind das hier für Teile? Schreibe die genaue Bezeichnung für die Teile auf. Schreibe auch das Anwendungsgebiet dazu.

1.

2.

3.

4.

5.

Taschenlampe mit zwei Schaltern

Bearbeitet am: ____________

Bei einen Termin vor Ort spricht Dich der Sohn eines Kunden an: Er möchte seine Taschenlampe umbauen. Und zwar so, dass sie mit zwei Schaltern eingeschaltet werden kann. Sie soll leuchten, wenn der eine oder der andere Schalter betätigt wird. Einen Schaltplan hat er auch schon gezeichnet. Würde es so funktionieren?

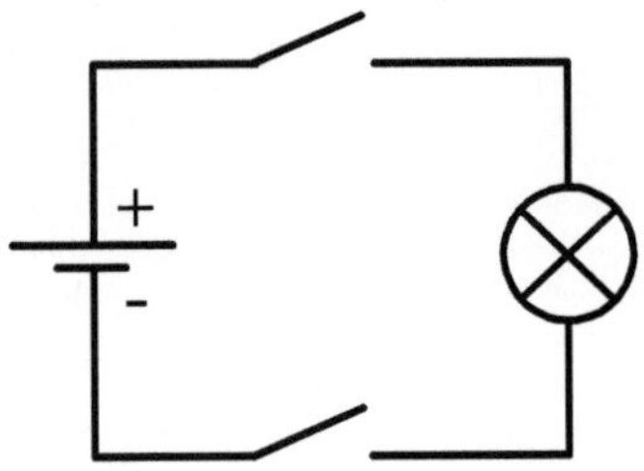

....

....

....

....

Pkw-Innenraumbeleuchtung

Bearbeitet am: ____________

Du weißt sicher, dass bei einem Pkw die Beleuchtung im Innenraum angeht, wenn eine oder mehr der vier Türen geöffnet werden. Es sind also vier Schalter beteiligt. Zeichne für diese Innenraumbeleuchtung einen Schaltplan mit einer Lampe, den vier Schaltern und der Batterie. Schreibe auf, wie die Türen diese Schalter betätigen.

Wann löst die Sicherung aus?

Bearbeitet am: ____________

Wann löst die Sicherung aus? Kreuze an, welche Schalter man dazu einschalten muss. Nur eine Lösung ist richtig.

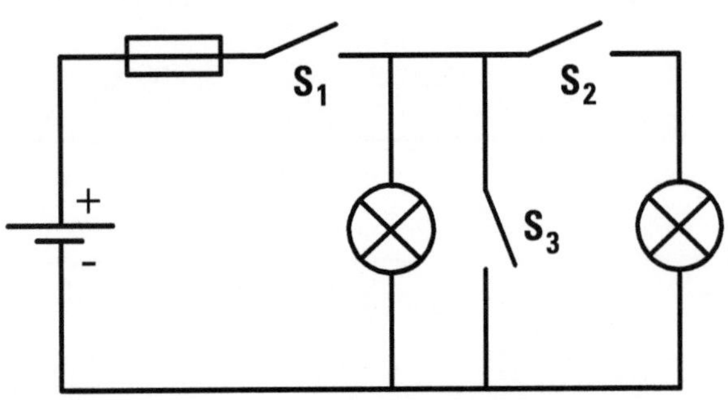

- ☐ S1
- ☐ S2
- ☐ S3
- ☐ S1 und S2
- ☐ S1 und S3
- ☐ S2 und S3

Praktische Übung: Ein Stromkreis mit einer LED

Bearbeitet am: ____________________

Bei diesem Experiment sollst Du einen Stromkreis aufbauen und eine LED leuchten lassen. Als Spannungsquelle dient eine 4,5 V-Flachbatterie. Diese Art von Batterien ist aus der Mode gekommen und selten geworden, für Experimente jedoch sehr praktisch. Die LED ist ein modernes Leuchtmittel. Hier allerdings nicht als große Lampe, sondern als kleines LED-Bauteil für wenig Geld. Als Verbindungsleitungen nimmst Du Messleitungen mit Krokodilklemmen, die man günstig bei verschiedenen Versandhändlern im Internet kaufen kann. Frage Deinen Lehrer, ob er Dir bei der Bestellung hilft oder vielleicht die Bauteile für alle Schüler zusammen bestellt.

1. Verbinde die beiden Anschlüsse der Batterie mit den beiden Anschlussdrähten der LED. Bild 1 und 2 zeigen, wie es gemacht wird. Je nachdem, welcher Blechstreifen der Batterie mit welchem Anschlussdraht der LED verbunden ist, leuchtet die LED oder nicht. Finde heraus, woran das liegt, und schreibe es auf. 4,5 V sind eigentlich zu viel für eine LED, lasse sie daher nur ein paar Sekunden leuchten, sonst brennt sie durch.

....

....

2. Zeichne den Schaltplan Deiner Schaltung auf. Das Schaltsymbol für eine LED musst Du im Internet finden.

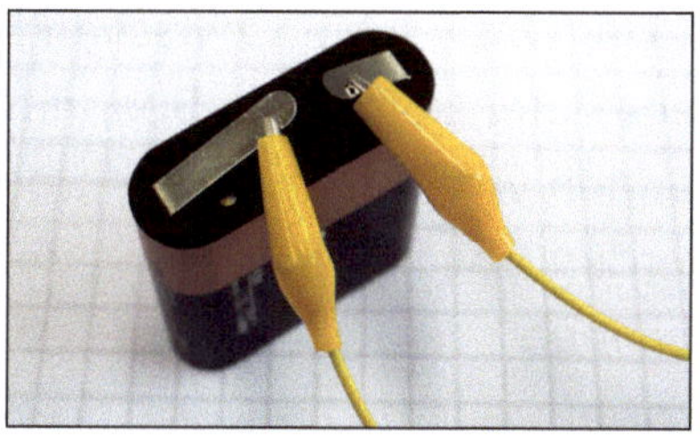

Bild 1: Anschluss an die Batterie

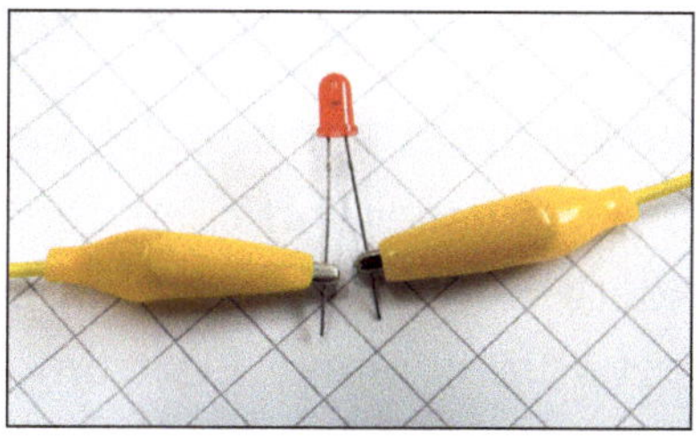

Bild 2: Anschluss an die LED

Das brauchst Du:

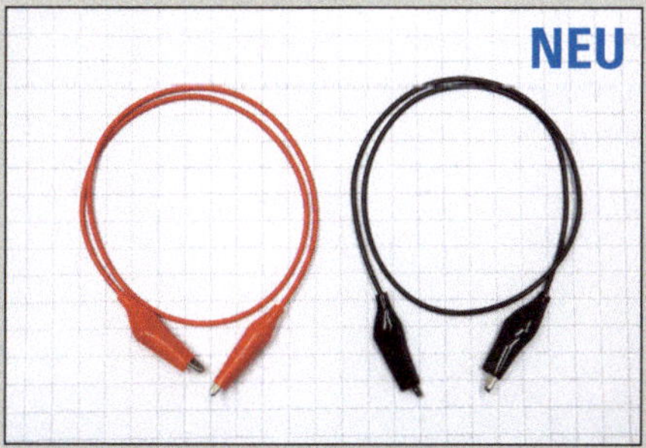

2 Messleitungen mit Krokodilklemmen in Kunststoffhüllen zum Verbinden von Bauteilen.
Suchbegriffe: „Messleitungen, Prüfleitungen, Krokodilklemmen".
Kosten: Etwa 1,50 €–5,00 € für 10 Stück.

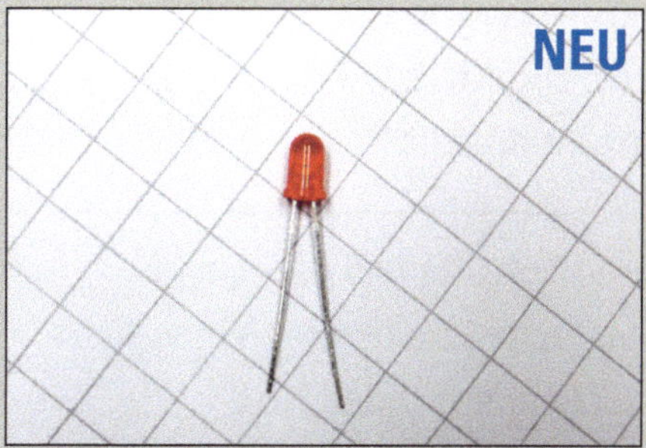

1 rote Leuchtdiode (LED) als Verbraucher im Stromkreis.

Suchbegriff: „LED 5mm rot".
Kosten: Etwa 1 ct/Stück bis 10 ct/Stück bei verschiedenen Abnahmemengen.

1 Flachbatterie mit 4,5 V als Spannungsquelle, verschiedene Hersteller

Suchbegriff: „Flachbatterie 4,5 V".
Kosten: Etwa 4 € bis 7 €.

Der Strom transportiert Energie aus der Spannungsquelle zum Verbraucher. Das ist die Basis unserer gesamten Stromversorgung. Spannung wird in der Quelle erzeugt und fällt am Verbraucher wieder ab.

Wie fließt der Strom?

In Bild 1 siehst Du einen Stromkreis. Die Spannungsquelle ist diesmal eine Batterie oder ein Akku. In den beiden Kammern ist Elektronenmangel (Pluspol) und Elektronenüberschuss (Minuspol). Die dadurch entstehende Spannung treibt den Strom an.

Der Verbraucher ist eine Glühlampe. Hier müssen die Elektronen durch. Dabei wird Wärmeenergie frei.

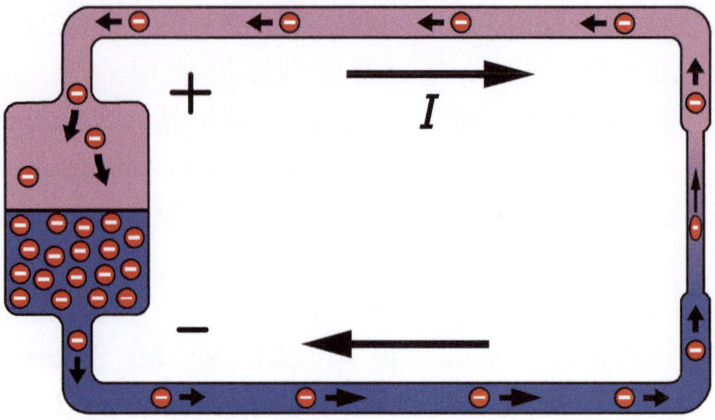

Bild 1: Die Spannungsquelle treibt den Strom durch den Verbraucher

Die Spannung und das Potenzial

Bild 2: Am Pluspol ist das höhere Potenzial, am Minuspol das niedrigere. Alle Leitungen, die direkt am Pluspol angeschlossen sind, haben das gleiche hohe Potenzial. Alle Leitungen direkt am Minuspol haben das gleiche niedrigere Potenzial. Der Unterschied zwischen hohem und niedrigem Potenzial ist die Spannung U. Auch Spannungen werden mit Pfeilen gekennzeichnet. Sie werden üblicherweise von Plus nach Minus gezeichnet.

Am Verbraucher baut sich die Spannung ab. Man sagt auch: Dort fällt eine Spannung ab.

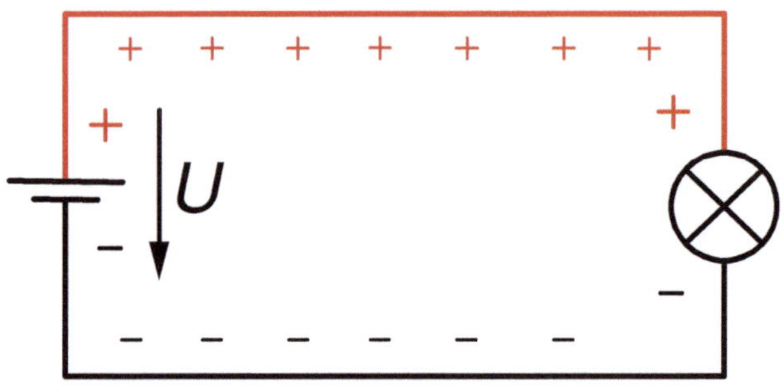

Bild 2: An der bei Plus angeschlossenen Leitung ist das höhere Potenzial, an der bei Minus angeschlossenen Leitung das niedrigere Potenzial

Der Verbraucher und die Energie

Im Verbraucher verrichtet der Strom Arbeit. Eine andere Bezeichnung für Arbeit ist **Energie**. Sie heizt, dreht einen Elektromotor oder erledigt nachrichten- oder informationstechnische Aufgaben. Es geht jedoch keine Energie verloren. Im Verbraucher wird stattdessen **elektrische Energie** in eine andere Energieform **umgewandelt**. Ein Beispiel wäre ein Elektroherd: Elektrische Energie wird in Wärmeenergie umgewandelt.

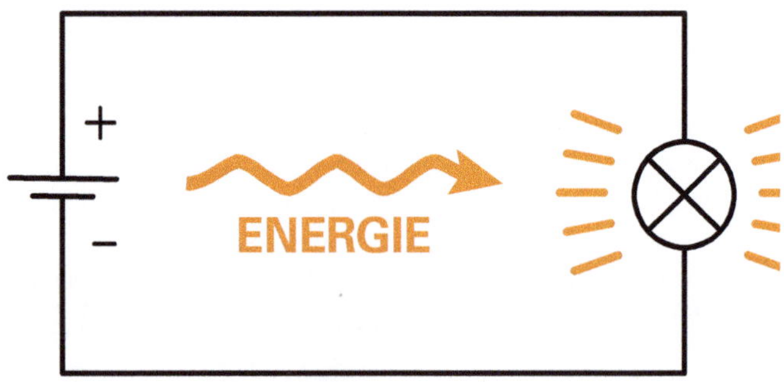

Bild 3: Energie wandert aus der Spannungsquelle zum Verbraucher

youtube.de → Stromfluss mit Batterie, Schalter und Glühlampe
youtube.de → Elektronik AG / Der einfache Stromkreis / Video Nr. 3
youtube.de → Elektronik AG / Schaltzeichen / Video Nr. 6
youtube.de → Was ist Gleichstrom bzw. Wechselstrom?
Sonnentaler.net → Dokumentation → Elektrizität → Stromkreise → Allgemeines ...
planet-schule.de → Multimedia → Simulationen → Energieformen umwandeln
unterrichten.zum.de → Physik → Lernpfad Energie

Die Quellenspannung

Sie ist die treibende Kraft in allen Stromkreisen. Es sind die Spannungsquellen, die als Batterien oder Akkus, als Solarzellen oder in Kraftwerken zur Verfügung stehen, die Quellenspannungen erzeugen. Eine alte Bezeichnung für eine Quellenspannung ist **Elektromotorische Kraft** oder Urspannung. Weil Spannungsquellen Quellenspannungen erzeugen, werden sie auch als **Erzeuger** bezeichnet.

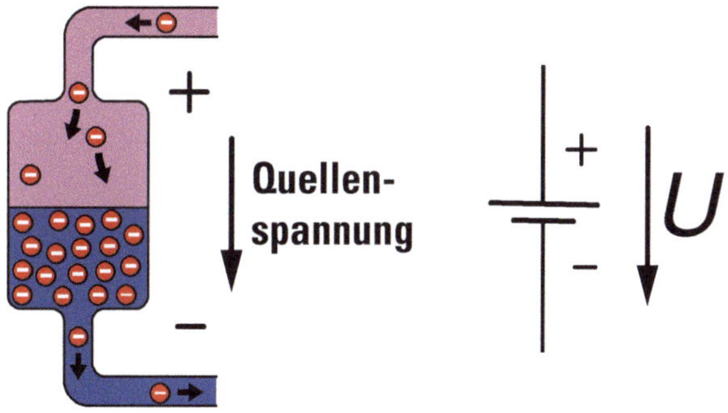

Bild 4: Spannungsquellen erzeugen Quellenspannungen

Der Spannungsabfall

Der Spannungsabfall wird von einem Strom hervorgerufen, der durch einen Verbraucher fließt. Dort wird die Quellenspannung der Spannungsquelle „verbraucht" oder „abgebaut". Der Spannungsabfall lässt sich durch das ohmsche Gesetz ausrechnen. Das ohmsche Gesetz wird später erklärt.

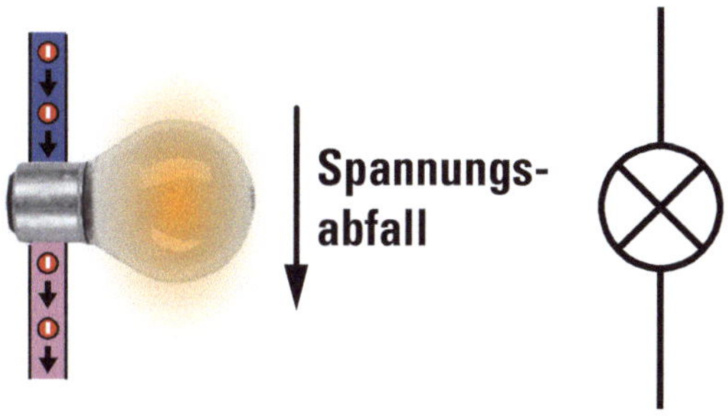

Bild 5: An Verbrauchern fallen Spannungen ab

Zwei Spannungen im Stromkreis

Also gibt es in jedem Stromkreis mindestens zwei Spannungen: Eine Quellenspannung der Spannungsquelle und einen Spannungsabfall am Verbraucher.

Wenn es nur eine Spannungsquelle und einen Verbraucher gibt, sind beide Spannungen gleich groß. Sie halten sich die Waage, denn der Druck, den die Spannungsquelle aufbaut, muss vom Verbraucher wieder abgebaut werden. Beide Spannungen werden meistens einheitlich mit U bezeichnet. Man sollte sie jedoch auseinanderhalten können.

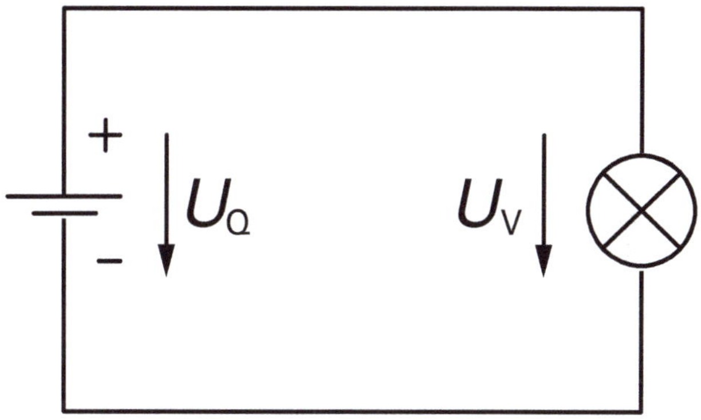

Bild 6: Quellenspannung und Spannungsabfall sind gleich groß.

Unerschöpfliche Spannungsquellen

Batterien und Akkus sind nach längerem Gebrauch erschöpft. Akkus können zwar immer wieder nachgeladen werden, stehen aber trotzdem nicht ständig als Spannungsquelle zur Verfügung. Solarzellen liefern nur Spannung, wenn die Sonne scheint.

Generatoren sind Spannungsquellen, die von einer anderen Maschine angetrieben werden und durch Magnetismus Strom erzeugen. Solange die andere Maschine funktioniert, können Generatoren prinzipiell dauerhaft Strom erzeugen. Es gibt sie in kleiner Bauform (der „Dynamo" an Deinem Fahrrad) oder als riesige Maschinen in Kraftwerken. Auch in jedem Pkw und Lkw arbeitet ein Generator (die „Lichtmaschine"), um Strom für die elektrischen Verbraucher des Kraftfahrzeuges zu erzeugen.

Generatoren bilden das Fundament unserer Energieversorgung.

Bild 7: Das Prinzip eines Generators

Stromkreis und Eisenbahn

Bearbeitet am: ____________

Stell Dir vor, Du erklärst Deinem kleinen Bruder seine elektrische Eisenbahn. Dabei verwendest Du das Wort *Stromkreis.* Sofort fragt Dich Dein Bruder, was sich denn im Stromkreis im Kreis bewegt, ob es etwa so ähnlich wäre wie bei einer Eisenbahn.
Passt das Beispiel? Gib eine fachmännische Antwort!

....

....

....

....

Energie im Stromkreis

Bearbeitet am: ____________

Du weißt, dass ein Stromkreis aus einem Erzeuger, den Leitungen und einem Verbraucher besteht. Was wird im Verbraucher verbraucht? Ist es der Strom? Oder etwas anderes? Beseitige diese Unklarheit.

....

....

....

....

Kurzschlüsse

Bearbeitet am: ____________

Warum sind Kurzschlüsse derart gefährlich, dass ein großer Teil der gesamten Energietechnik sich nur mit ihnen befasst? Wie kann man die Gefahr in den Griff bekommen?

....

....

....

....

Innenleben eines Stromkreises

Bearbeitet am: ____________________

Hier siehst Du einen Stromkreis, der so ähnlich funktioniert, wie der im Infoblatt. Schau Dir die Abbildung an und finde heraus, welche Art von Spannungsquelle hier eingebaut ist. Finde weiterhin heraus, was jeweils bei den entsprechenden Ziffern passiert.

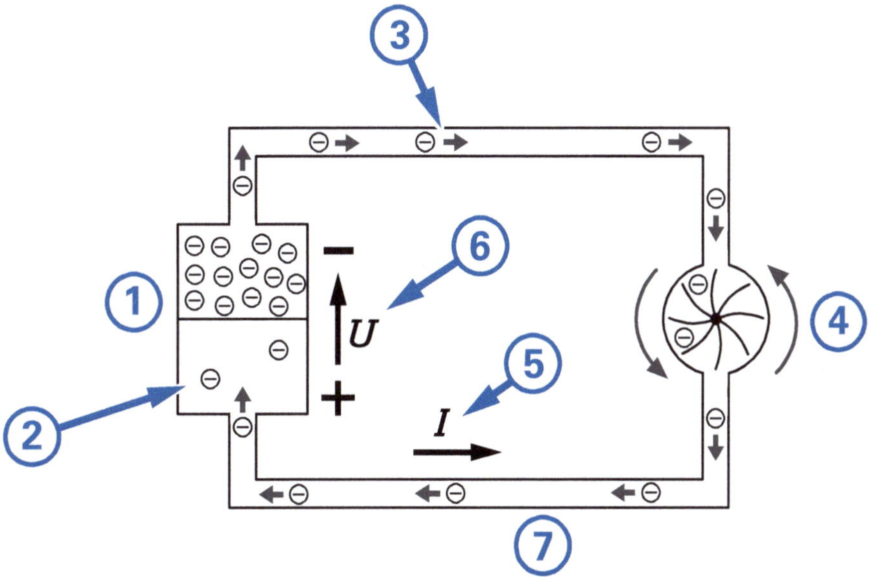

Zu 1: ....

....

Zu 2: ....

....

Zu 3: ....

....

Zu 4: ....

....

Zu 5: ....

....

Zu 6: ....

....

Strom „in" der Steckdose

Bearbeitet am: ____________________

Eine besorgte Mutter ermahnt ihre kleine Tochter: „Vorsicht, in der Steckdose ist Strom". Vielleicht hast Du das so oder so ähnlich auch schon gehört. Natürlich ist bei Elektrizität und Kindern höchste Vorsicht geboten. Aber was sagst Du als Fachmann zu dieser Formulierung?

....

....

....

....

....

Vögel unter Spannung

Bearbeitet am: ____________________

Vögel können auf Hochspannungsleitungen sitzen, ohne Schaden zu nehmen. Das kann man oft beobachten und sollte es als Mensch keinesfalls versuchen, nachzumachen. Warum nehmen die Vögel keinen Schaden? Warum sollte ein Mensch so etwas nicht versuchen?

....

....

....

....

....

Ladevorgang bei einem Akku

Bearbeitet am: ____________________

Schau Dir das Diagramm an. Wie hoch ist der Ladestrom?

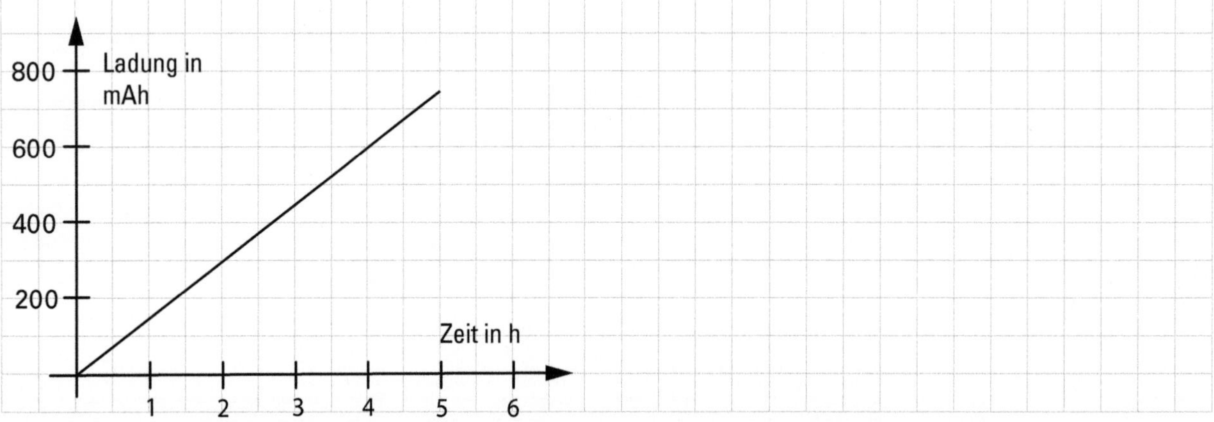

Eine Lampe, zwei Schalter

Bearbeitet am: ____________________

Deine Kollegin ist in ihr neues Haus eingezogen. Sie würde gerne die alte Elektroinstallation modernisieren und bittet Dich um Hilfe. Sie möchte als erstes folgende Änderung: Eine Lampe in der Diele soll nicht nur von einem Schalter aus, sondern von zwei Schaltern aus an- und wieder ausgeschaltet werden können.

Da Du in Deinem Berufskolleg gerade Installationsschaltungen durchnimmst, fällt es Dir nicht schwer, einen Schaltplan zu zeichnen:

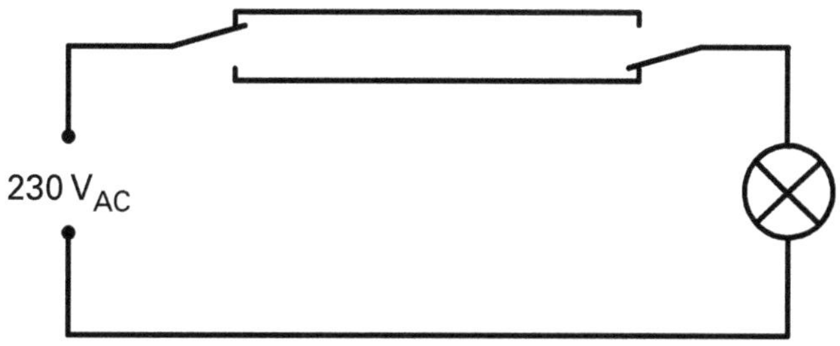

Wie nennt man diese Schaltung? Und die beiden Schalter in der Schaltung?

....

Die Funktion ist Dir noch nicht ganz klar. Daher beschließt Du, alle vier Varianten der Schalterstellungen als komplette Schaltpläne aufzuzeichnen und den Stromfluss jeweils rot zu markieren.

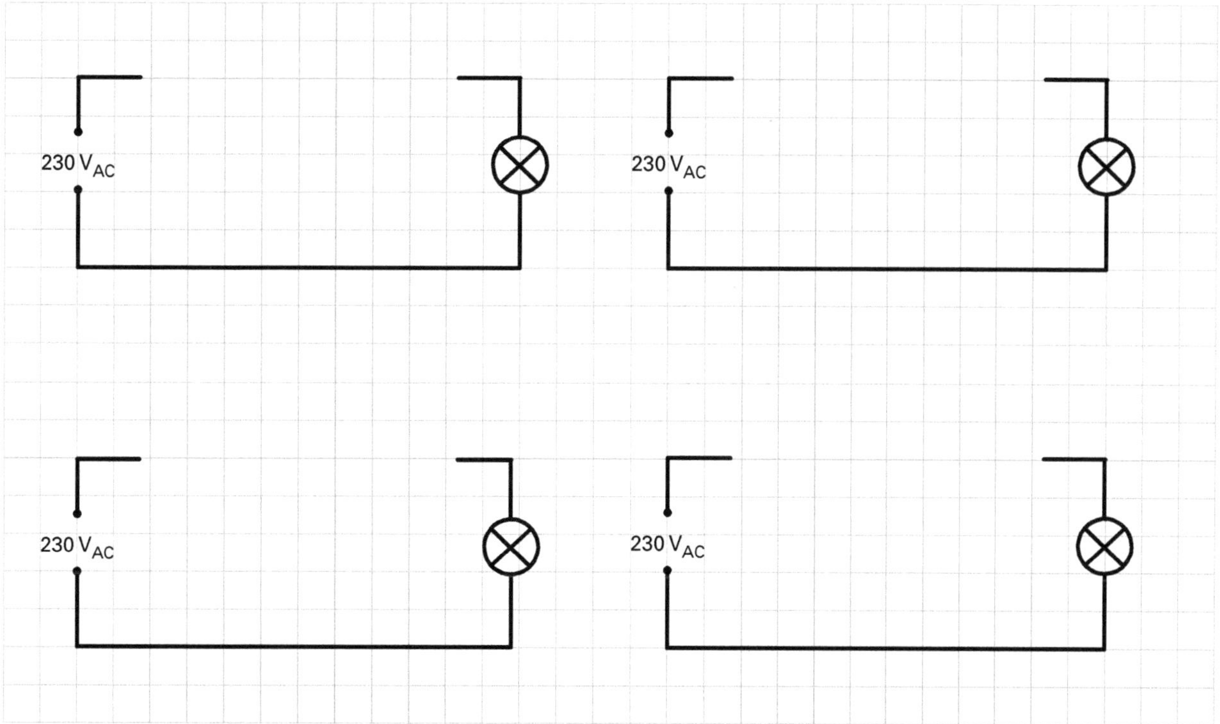

Wie nennt man die beiden Verbindungsleitungen zwischen den Schaltern?

....

Knifflige Schalterkombinationen

Bearbeitet am: ____________________

Bei welchen Schaltungen können durch gleichzeitiges Betätigen **beider** Schalter **beide** Lampen auch gleichzeitig zum Leuchten gebracht werden?

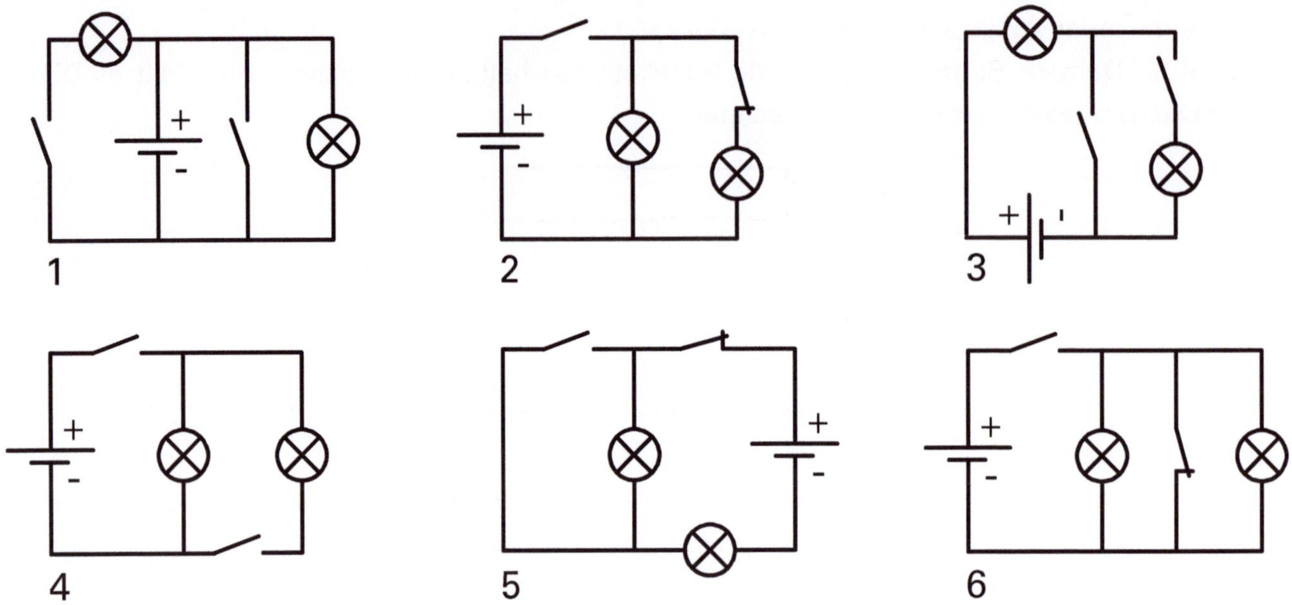

Der Blutkreislauf als Stromkreis

Bearbeitet am: ____________________

Im Bild unten siehst Du den Blutkreislauf des Menschen. Das Herz als Pumpe treibt das Blut durch verschiedene Organe (Gehirn, Leber, Niere, Verdauungssystem etc.) und durch die unteren Bereiche des Körpers. Wenn man genau hinschaut, erkennt man, dass das Herz aus zwei Hälften besteht! Zeichne dieses System als elektrische Schaltung. Die Organe und die „anderen Bereiche" kannst Du als Widerstände zeichnen. Das Herz bzw. seine beiden Hälften können durch Spannungsquellen ersetzt werden.

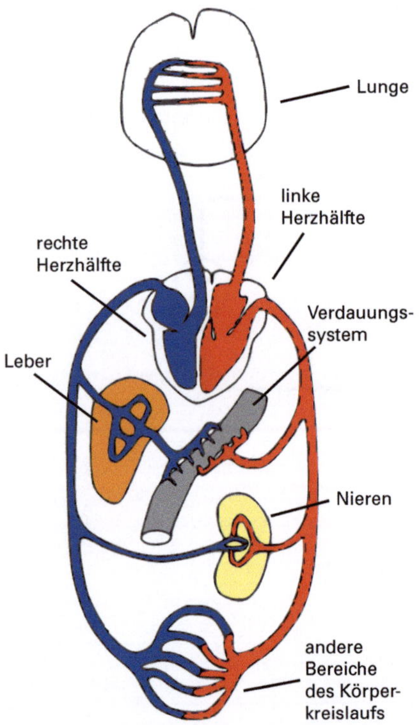

Praktische Übung: Eine Wechselschaltung

Bearbeitet am: ____________________

In diesem Experiment sollst Du eine Wechselschaltung mit zwei Schaltern und einem Lämpchen aufbauen. Wie bei einer „großen" Wechselschaltung in der Installationstechnik soll auch hier das Lämpchen von beiden Schaltern aus ein- oder ausgeschaltet werden können.

Bild 1

1. Als erstes musst Du Dir klarmachen, wie die Schalter funktionieren. Das Innenleben eines solchen Kippschalters in der Version, wie wir ihn verwenden, zeigt Bild 1. Baue erstmal einen Stromkreis mit der Batterie, dem Lämpchen und nur einem Schalter zusammen. Schalte den Strom mit dem Schalter ein und aus. Klappt es?

2. Zeichne den Schaltplan einer Wechselschaltung mit zwei Schaltern, der Batterie und dem Lämpchen auf.

3. Baue die Schaltung so zusammen, wie Du sie auf dem Schaltplan gezeichnet hast. Kannst Du das Lämpchen von beiden Schaltern aus ein- und ausschalten?

Das brauchst Du:

2 Schalter
Suchbegriff: „Kippschalter 1-polig EIN-EIN", etwa 1,20 ... 1,30 € / Stück

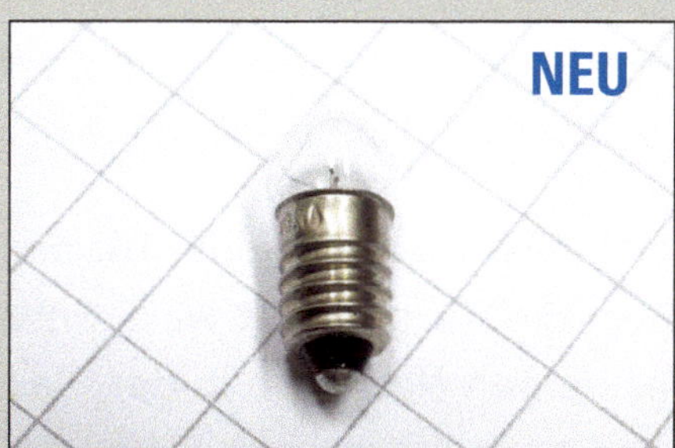

1 Glühlämpchen, Suchbegriff:
„Glühlämpchen 4,5 V 0,1 A E10"
Kosten c.a. 25 ct ... 50 ct / Stück

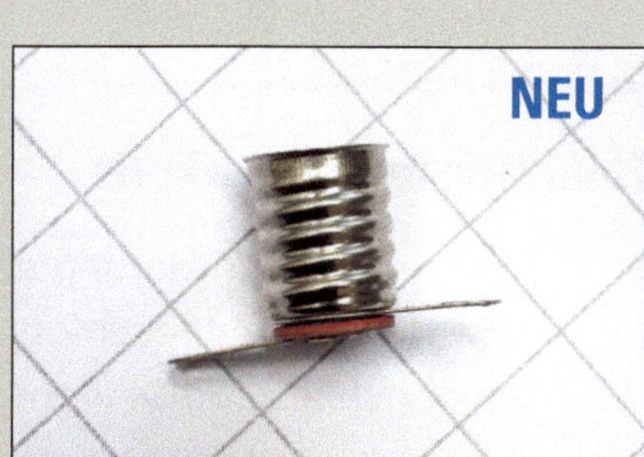

1 Fassung, Suchbegriff:
„Fassung e10 Lötfahnen"
Kosten c.a. 18 ct ... 1,50 € / Stück

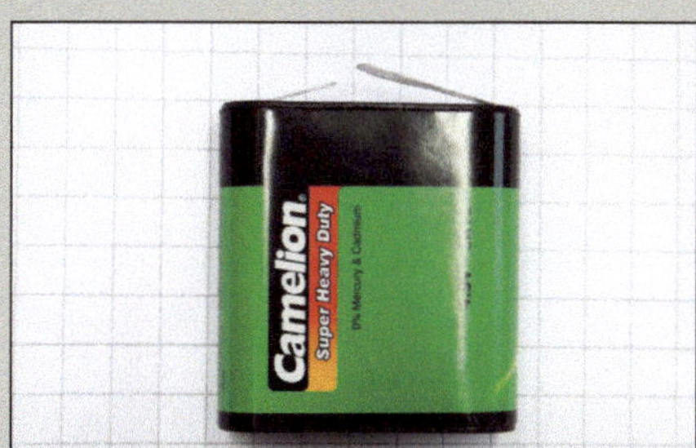

1 Batterie

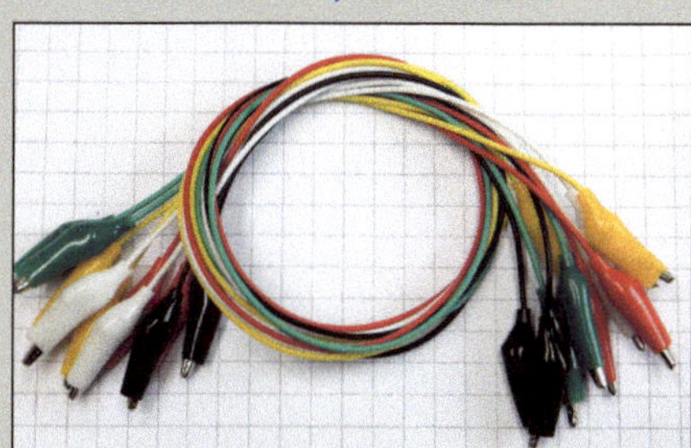

5 Messleitungen

Unerschöpfliche Energiequellen

Bearbeitet am: ____________

Früher verlangte der Gesetzgeber für Fahrräder „unerschöpfliche“ Energiequellen. Nach der letzten Änderung der StVZO ist dies nicht mehr erforderlich. Stelle eine Vermutung an, was mit einer „unerschöpflichen“ Energiequelle gemeint war, welche Überlegungen zu der alten Regelung geführt hatten und warum diese Regelung geändert wurde.

Batterien als Spannungsquellen

Bearbeitet am: ____________

Batterien sind chemische Spannungsquellen. Es gibt sie in verschiedenen Größen. Aber was bedeutet das Wort „Batterie“ genau?

Schalter im Stromkreis

Bearbeitet am: ____________

Folgende Anforderung soll erfüllt werden: An einer Tür soll eine Signalleuchte angebracht werden, die aufleuchtet, sobald die Tür geöffnet wird. Entwickle einen Lösungsansatz und besprich ihn mit Deinem oder Deinen Nachbarn in der Klasse.

Steckverbinder

Bearbeitet am: ____________________

Müssen Stromkreise beweglich verbunden oder getrennt werden, kommen Steckverbinder zum Einsatz. In der nachfolgenden Tabelle findest Du einige Steckverbinder, die Du wahrscheinlich schon mal gesehen oder verwendet hast. Finde die Bezeichnung heraus und schreibe auf, was über diese Steckverbinder miteinander verbunden werden kann.

Bild	Name des Steckverbinders	Was kann verbunden werden?

Gleichstrom und Wechselstrom

Bearbeitet am: ____________________

Schau Dir den Film ***Was ist Gleichstrom bzw. Wechselstrom?*** (4 min) bei YouTube an. Finde Geräte und Anwendungsbereiche, die Wechselstrom oder Gleichstrom brauchen oder bei denen es egal ist, welche Stromart sie bekommen. Trage die Geräte oder Anwendungsbereiche in die Tabelle ein.

Gleichstrom wird benötigt	Wechselstrom wird benötigt	Beides geht

Ein altes Wasserwerk

Bearbeitet am: ____________________

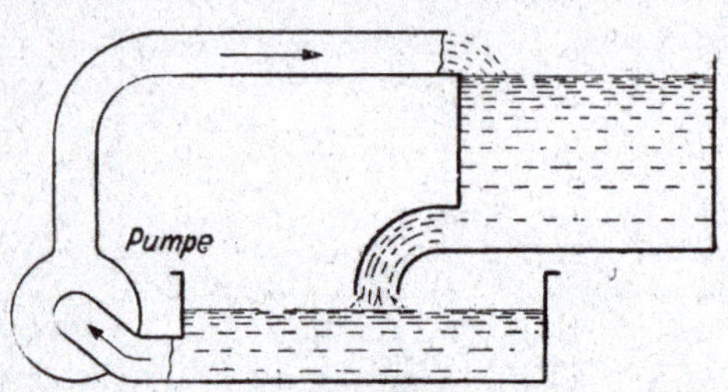

Widerstand ist die Kraft, die sich dem Durchfließen des elektrischen Stromes entgegensetzt.

Bei einer Wasserwerksanlage finden wir stets eine Vorrichtung, die den Wasserstand in dem Behälter auf gleicher Höhe hält, die Pumpe.

In jeder elektrischen Anlage finden wir auch eine Kraft, die bestrebt ist, die notwendige Elektronenmenge auf gleicher Druckhöhe (Spannung) zu halten, die elektromotorische Kraft, welche wir in jeder Stromquelle finden.

Die elektromotorische Kraft ist diejenige Kraft einer Stromquelle, welche die Spannung auf einer bestimmten Höhe hält.

Schau Dir die Abbildung an. Sie stammt aus einem sehr alten Lehrbuch der Elektrotechnik. Darin ist von einer „Elektromotorischen Kraft" die Rede. Aber auch der Begriff „Spannung", den Du schon kennst, wird erwähnt. Erkläre diese beiden Begriffe! Gehe insbesondere auf den Unterschied ein.

....

....

....

....

....

Praktische Übung: Ein heißer Kurzschluss

Bearbeitet am: ____________________

Bei diesem Experiment sollst Du etwas tun, was sonst nie passieren darf: Einen Kurzschluss herbeiführen. Da wir hier mit einer Taschenlampenbatterie arbeiten, kann nichts passieren, wenn Du Dich genau an die Anleitung hältst. Du darfst dieses Experiment nie mit anderen Spannungsquellen, besonders nicht mit aufladbaren Akkus, versuchen!

1. Verbinde die beiden Enden Deiner Taschenlampenbatterie direkt mithilfe einer Deiner Messleitungen. Bild 1 zeigt, wie es gemacht werden soll. Nimm sofort die Leitung in die Hand. Du wirst fühlen, wie sie langsam immer heißer wird. Trenne die Verbindung, bevor die Leitungen zu heiß werden oder Du Dich verbrennst. Auf keinen Fall darfst Du so lange warten, bis die Leitungen anfangen zu rauchen und der Kunststoff schmilzt. Die Batterien der verschiedenen Hersteller sind unterschiedlich kräftig. Bei einigen geht das Aufheizen schneller, bei anderen dauert es länger. Mach diesen Versuch nur einmal, sonst wird Deine Batterie leer.

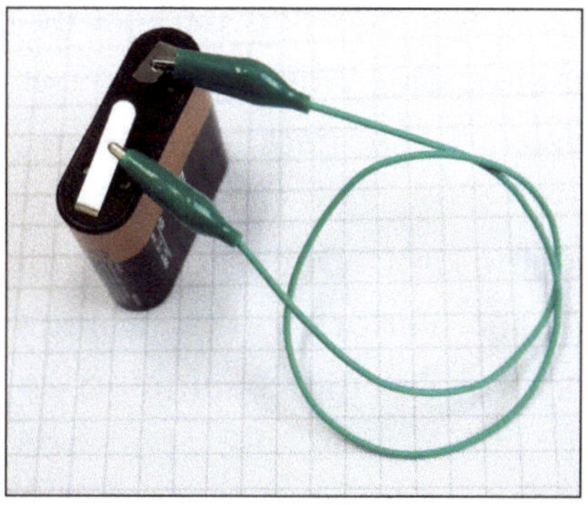

Bild 1: Eine Leitung direkt an den beiden Klemmen ist ein Kurzschluss.

2. Woran liegt es, dass die Leitung heiß wird? Gib eine Erklärung.

....

....

3. Nun wird es spannend: Baue eine Sicherung „500 mA flink" in den Stromkreis ein. Du kannst sie direkt mit den Klemmen packen, wie in Bild 2 zu sehen ist. Beobachte, was im Innern der Sicherung passiert. Du musst aber schnell sein dabei! Warum brennt die Sicherung durch und nicht die Leitungen?

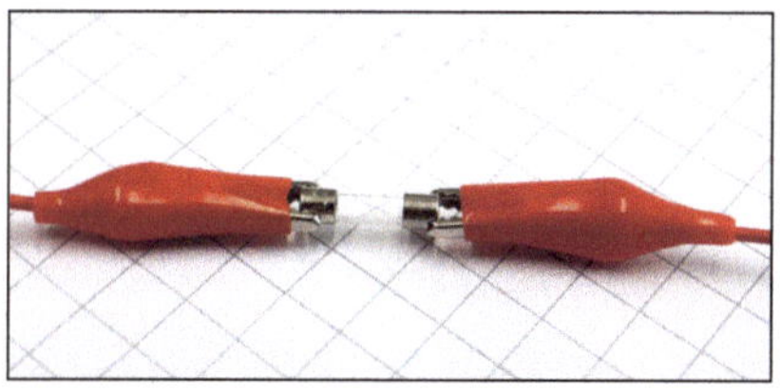

Bild 2: Eine Feinsicherung lässt sich so in den Stromkreis einfügen.

....

....

....

Das brauchst Du:

1 Batterie

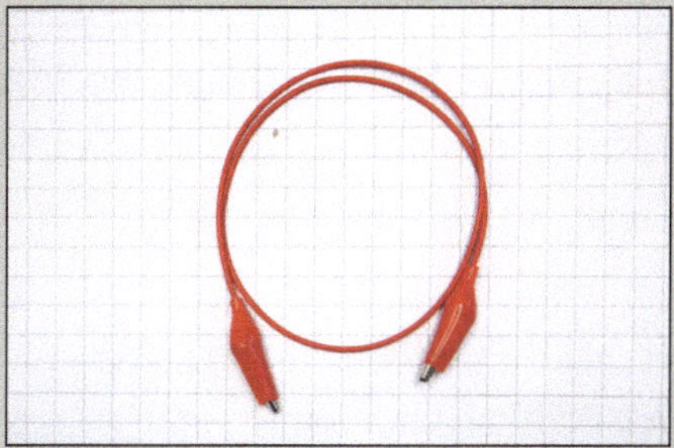

2 Messleitungen

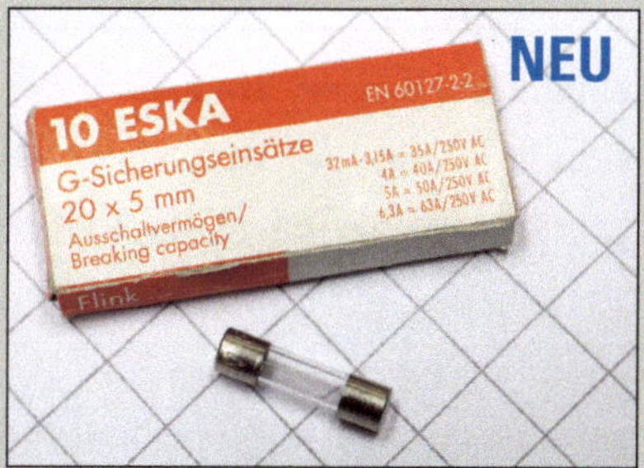

1 Feinsicherung, Suchbegriff:
„500 mA flink 5 x 20 mm"
Kosten etwa 3,– € bis 5,– € für 10 Stück.

Elektrische Schaltungen lassen sich in drei Gruppen aufteilen: Parallelschaltungen, Reihenschaltungen und Kombinationen dieser zwei Varianten. Die Parallelschaltung ist die Basis unserer Stromversorgung.

Ströme in der Parallelschaltung

Schau Dir Bild 1 an. Es gibt nicht nur einen Verbraucher, sondern drei. Das Wasser kann nicht nur einen Weg nehmen, sondern drei Wege. Sie sind **parallel** geschaltet. Der Wasserstrom, der oben in die Parallelschaltung hineinfließt, teilt sich in die drei Zweige auf. Dabei geht kein Wasser verloren. Die Menge der drei Zweige zusammen ergibt die Menge, die oben hereingeflossen ist.

Am unteren Ende vereinigen sich die drei Zweige wieder. Wieder geht kein Wasser verloren. Die Menge, die in der unteren Röhre zurück zur Pumpe fließt, ist die Summe der drei Einzelmengen.

Schau Dir nun Bild 2 an: Genauso verhält es sich im elektrischen Stromkreis. **Der Gesamtstrom ist die Summe der einzelnen Teilströme.**

Spannung in der Parallelschaltung

In Bild 3 sind die Spannungen einer Parallelschaltung gezeigt. Jede der drei Lampen ist direkt mit der Spannungsquelle verbunden. An jeder der drei Lampen liegt die Quellenspannung direkt an. **Die Spannung in der Parallelschaltung ist also überall gleich**. Jede der drei Lampen nimmt sich den Strom, den sie gemäß des ohmschen Gesetzes und der anliegenden Quellenspannung braucht.

So funktioniert auch unser Stromversorgungsnetz. In jeder Steckdose stehen 230 V zur Verfügung, egal, wie viele Geräte wir anschließen. So passiert es manchmal, dass die Sicherung „herausfliegt“, wenn sich viele Ströme von vielen Geräten addieren.

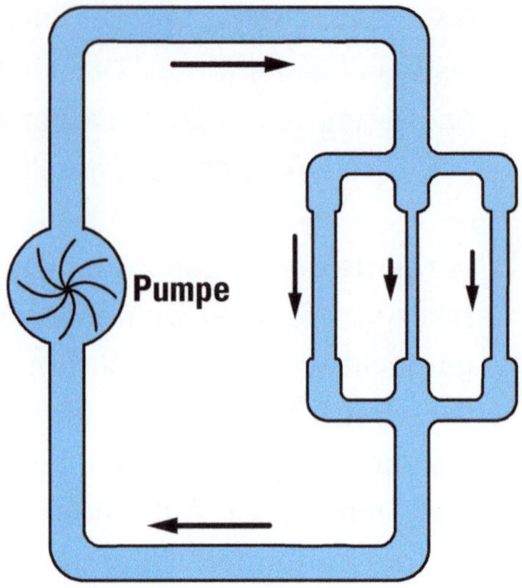

***Bild 1:** Der Wasserstrom teilt sich vor den Engstellen auf. Danach vereinigt er sich wieder. Die gesamte Wassermenge bleibt immer gleich.*

$$I_{Gesamt} = I_1 + I_2 + I_3 + \dots$$

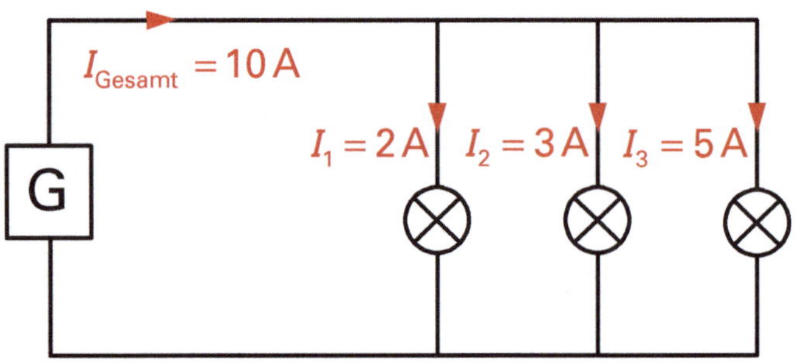

***Bild 2:** Der Gesamtstrom I_{Gesamt} ist die Summe der drei Teilströme I_1, I_2 und I_3*

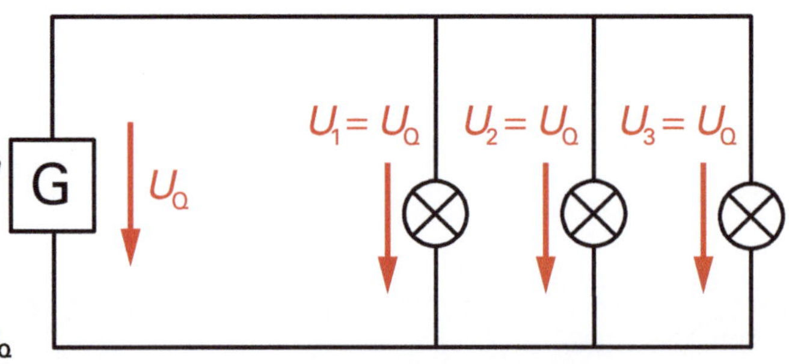

***Bild 3:** Die einzelnen Spannungen U_1, U_2 und U_3 sind gleich der Quellenspannung U_Q*

schule-bw.de → Unterricht → Elektrizitätslehre → Gesetz von Ohm → Die Reihenschaltung
schule-bw.de → Unterricht → Elektrizitätslehre → Gesetz von Ohm → Die Parallelschaltung
youtube.de → Parallelschaltung (6 min)
youtube.de → Reihenschaltung (4.40 min)
youtube.de → „Erklärs Mir“#6 – Reihen- & Parallelschaltung (Akku / Motor) (10 min)
youtube.de → Reihenschaltung von 2 Glühlampen (2 min)
youtube.de → V0105 Grundlagen der Elektrotechnik (25 min)

Die Reihenschaltung

Die zweite wichtige Schaltung der Elektrotechnik ist die Reihenschaltung. An ihr ist alles umgekehrt wie bei der Parallelschaltung. Es gibt keine Abzweigungen und der Strom ist hier überall gleich groß.

Spannungen in der Reihenschaltung

Schau Dir Bild 1 an. Drei Verbraucher sind hintereinander geschaltet. Es gibt nur einen Weg für den Wasserstrom. Er muss durch jeden Verbraucher hindurch, bis er zurück zur Pumpe gelangen kann. Man nennt das eine **Reihenschaltung**. Um die Druckverhältnisse zu messen, ist hier an jedem Verbraucher ein Druckmessgerät angebracht. Man sieht, dass es an jedem Verbraucher einen Druckabfall gibt. Ein viertes Druckmessgerät misst den gesamten Druck über allen drei Verbrauchern. Ergebnis: Alle drei Druckverluste zusammen ergeben den gesamten Druckverlust.

Bei der elektrischen Reihenschaltung ist es ähnlich. **Die Gesamtspannung ist die Summe der einzelnen Spannungen**. Sie ist gleich der Quellenspannung der Spannungsquelle, die hier die gesamte Schaltung versorgt.

Der Strom

Der Strom muss durch alle Verbraucher nacheinander hindurch. Es gibt nur einen Weg und keine Abzweigung. Der Strom in der Reihenschaltung ist daher **überall gleich**. Bei einer Unterbrechung stoppt der Stromfluss in der gesamten Schaltung. Sie ist also weniger betriebssicher als die Parallelschaltung.

$$U_{Gesamt} = U_1 + U_2 + U_3 + \dots$$

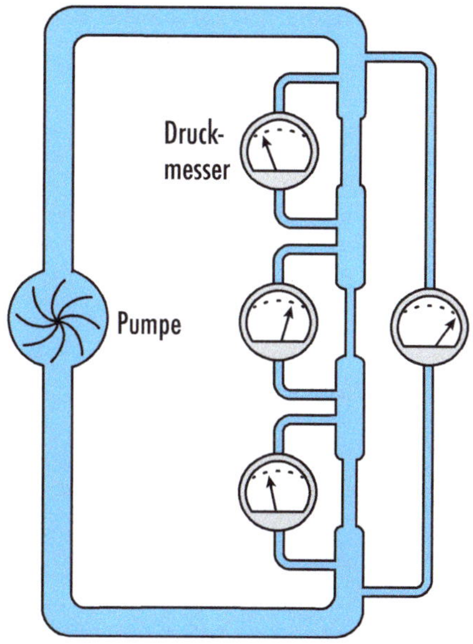

Bild 1: Die Gesamtdruck ist die Summe der einzelnen Drücke

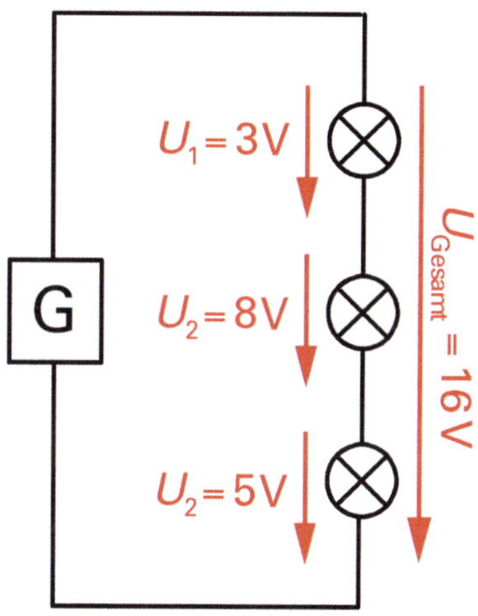

Bild 2: Die Gesamtspannung ist die Summe der Teilspannungen

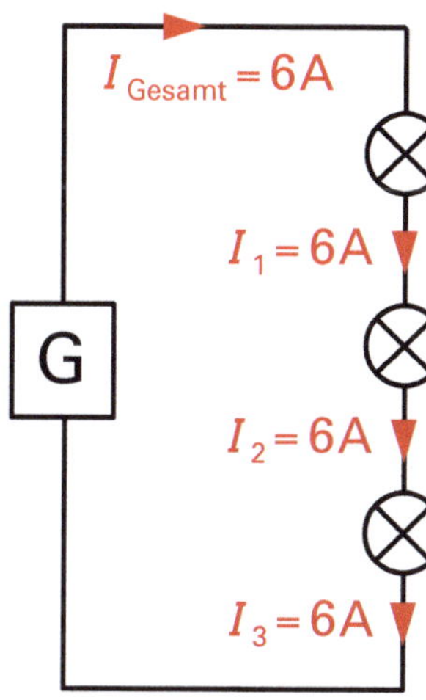

Bild 3:Der Strom ist überall gleich

Die Kirchhoffschen Sätze

Wir haben auf diesen Seiten das Verhalten von Strömen und Spannungen in Reihen- und Parallelschaltungen untersucht. Gustav Robert Kirchhoff hat 1845 zwei Sätze formuliert, die dieses Verhalten ganz allgemein beschreiben, die *Kirchhoffschen Sätze*. Die **Knotenregel** (das *1. Kirchhoffsche Gesetz*) lautet wie folgt: **Die Summe aller in einen Knoten hineinfließenden Ströme ist gleich Null**. Dabei ist zu beachten, dass im Gegensatz zu den Ausführungen auf diesen Seiten die Pfeile der Ströme alle in den Knoten hineinzeigen, d.h., die Ströme werden in den Knoten hineinfließend positiv gezählt.

Die **Maschenregel** (Das *2. Kirchhoffsche Gesetz*): **Die Summe aller Spannungen eines Umlaufs in einer Masche ist gleich Null**. Eine Masche ist ein Stromkreis, der auch Abzweigungen haben darf. Die Richtung des Umlaufes kann beliebig gewählt werden; sie legt dann aber die Vorzeichen der Spannungen fest. Soweit Pfeile entgegen der Umlaufrichtung zeigen, sind die Spannungen mit umgekehrten Vorzeichen einzusetzen.

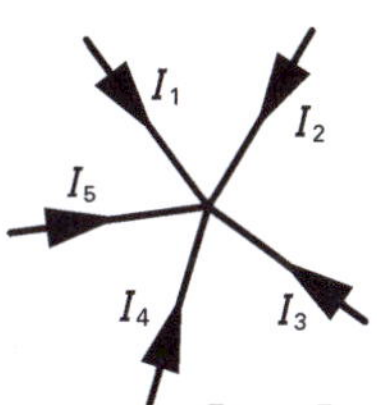

$$I_1 + I_2 + I_3 + I_4 + I_5 = 0$$

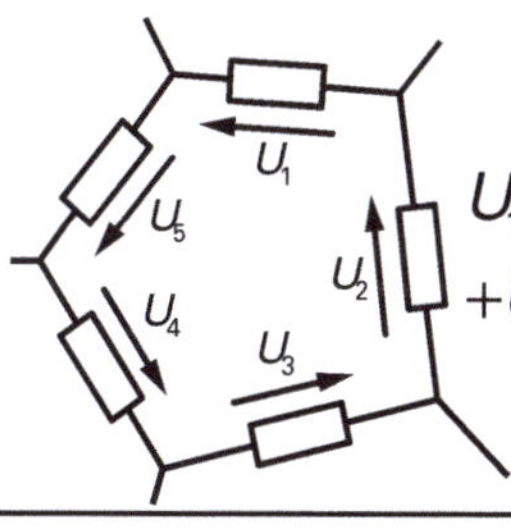

$$U_1 + U_2 + U_3 + U_4 + U_5 = 0$$

Eigenschaften der Parallel- und Reihenschaltung

Bearbeitet am: ____________

In der nachfolgenden Tabelle findest Du die Eigenschaften von Parallel- und Reihenschaltungen. Ergänze die fehlenden Bereiche in der Tabelle.

	Parallelschaltung	Reihenschaltung
Es teilt sich auf:		
Die Summe des Stromes/ der Spannung sind ...		
Überall gleich ist die/der ...		
Wird beschrieben durch welche Regel?		

Schaltpläne für Parallel- und Reihenschaltungen

Bearbeitet am: ____________

Zeichne zwei Schaltpläne:

a) Eine Parallelschaltung mit einer Batterie als Spannungsquelle und drei Widerständen als Verbraucher.
b) Eine Reihenschaltung mit einer allgemeinen Spannungsquelle und zwei Lampen als Verbraucher.

Knotenregel

Bearbeitet am: ____________

Wie lautet die Knotenregel? Schreibe sie wörtlich und als Formel auf.

Maschenregel

Bearbeitet am: ____________

Wie lautet die Maschenregel? Schreibe sie wörtlich und als Formel auf.

LEDs für Lkw-Cockpit aussuchen

Bearbeitet am: ____________

Ein Kollege möchte das Cockpit seines Lkws verschönern. Dafür hat er sich überlegt, eine Lichterkette mit LEDs zusammenzulöten. LEDs (*Light Emitting Diode* = Leuchtdioden) vertragen eine Spannung von etwa 2 V. Welche Vorgehensweise würdest Du ihm vorschlagen? (Hinweis: Die Bordnetzspannung von Lkws beträgt 24 V)

Strom in Parallelschaltung ausrechnen

Bearbeitet am: ____________________

Berechne den Wert des fehlenden Stromes!

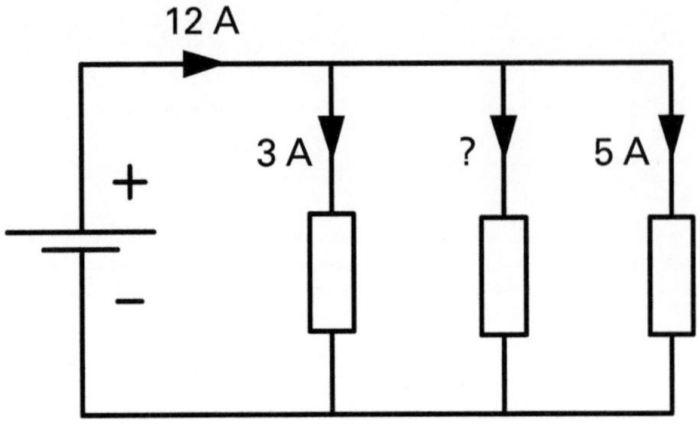

Spannung in Reihenschaltung ausrechnen

Bearbeitet am: ____________________

Berechne den Wert der Gesamtspannung!

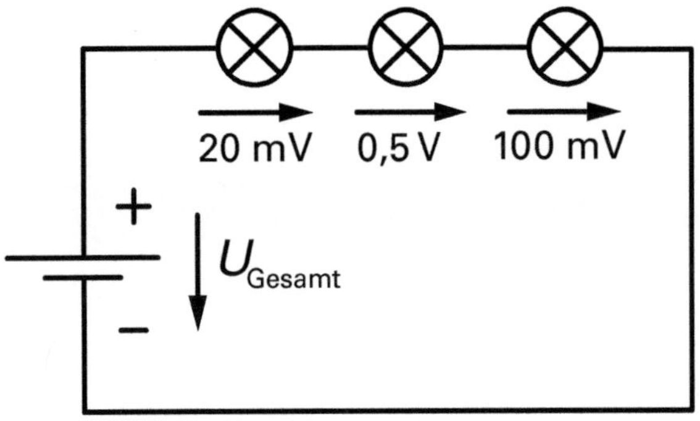

Leuchten in Wohnwagen

Bearbeitet am: ____________________

In einem Wohnwagen befindet sich eine Leuchte mit zwei Glühlampen. Wie kann man schnell herausfinden, ob zwei 6V-Glühlämpchen in Reihe oder zwei 12V-Glühlämpchen in der Leuchte parallel verschaltet sind?

....

....

....

....

Rätselhafte Schaltung

Bearbeitet am: ____________________

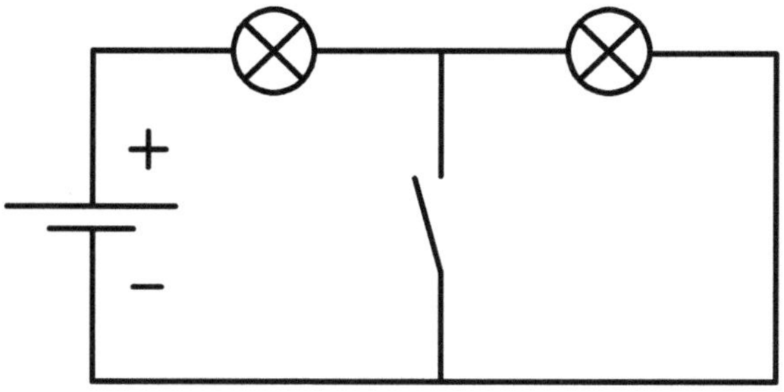

Schau Dir die Schaltung an und überlege, wie der Strom fließt und ob die (baugleichen) Lampen leuchten. Stelle anschließend eine Vermutung an, was geschieht, wenn der Schalter geschlossen wird.
Beachte, dass der Strom immer den leichtesten Weg nimmt!

Schalter offen: ....

....

....

Schalter geschlossen: ....

....

....

Richtig und falsch bei Parallel- und Reihenschaltung

Bearbeitet am: ____________________

Parallelschaltung und Reihenschaltung haben unterschiedliche Eigenschaften.
Kreuze die Kästchen so an, dass es passt.

	Richtig	Falsch
Schraubt man in einer Parallelschaltung eine Glühlampe heraus, so erlöschen alle.	☐	☐
Bei einer Reihenschaltung ist die Summe der Einzelspannungen gleich dem Gesamtstrom.	☐	☐
Bei einer Parallelschaltung liegt an jedem Verbraucher dieselbe Spannung an.	☐	☐
In einer Reihenschaltung ist die Summe der Einzelströme gleich dem Gesamtstrom.	☐	☐
In einer Parallelschaltung ist der Strom überall gleich.	☐	☐
Die Parallelschaltung ist die Basis unserer Energieversorgung.	☐	☐
Überbrückt man in einer Parallelschaltung einen Verbraucher, so erzeugt man einen Kurzschluss.	☐	☐
In einer Reihenschaltung addieren sich die Einzelspannungen zur Gesamtspannung.	☐	☐

Zu starke Sicherungen?

Bearbeitet am: ____________________

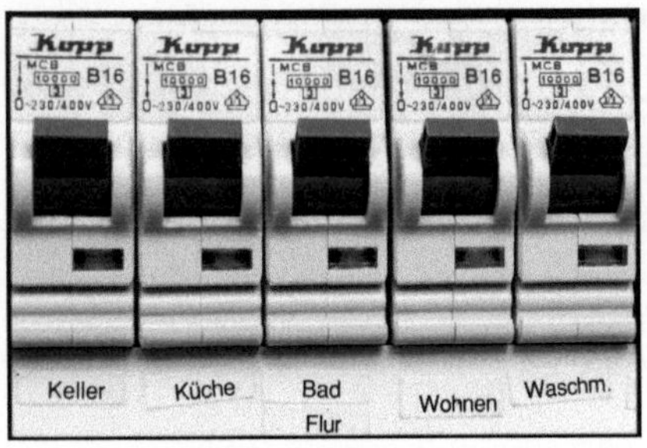

Warum haben die Sicherungen in unseren Haushalten alle den Wert **16 A**, wo doch die meisten Elektrogeräte eine viel niedrigere Stromaufnahme haben?

Anwendung der Knotenregel

Bearbeitet am: ____________________

Zwei Lämpchen sind parallel geschaltet und leuchten unterschiedlich hell. Es fließen insgesamt 0,7 A in die Schaltung hinein. Durch eines der beiden Lämpchen fließen 20 mA. Wie viel Strom fließt durch das andere?

Alles im Haushalt parallel

Bearbeitet am: ____________________

Warum sind in unseren Haushalten alle Geräte immer parallel geschaltet?

[vel.plus/EB06]

Helle und dunkle Glühlampen

Bearbeitet am: ____________

Welche der baugleichen Glühlampen leuchtet am hellsten? Begründe Deine Antwort.

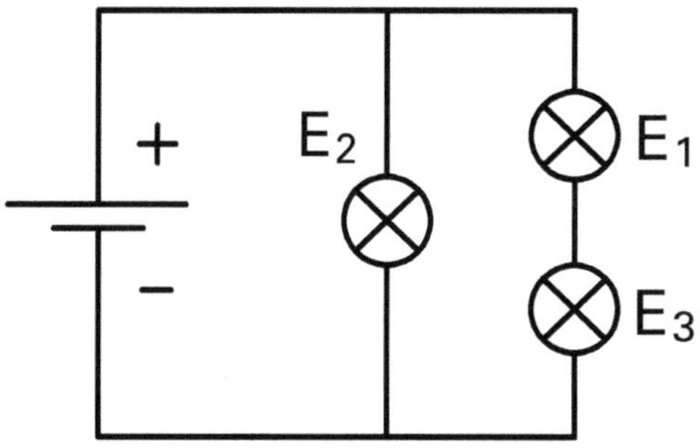

Parallel- u. Reihenschaltung vervollständigen

Bearbeitet am: ____________

Vervollständige die Schaltpläne so, dass links eine Parallelschaltung und rechts eine Reihenschaltung entsteht.

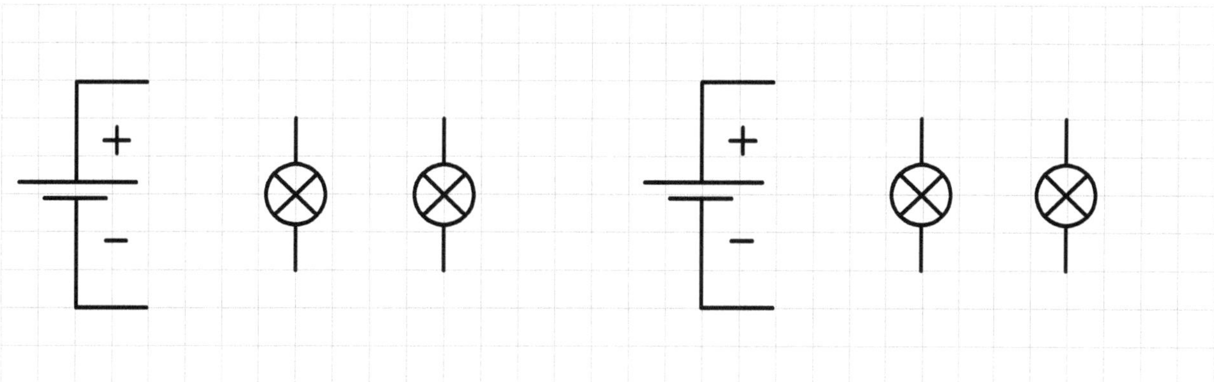

Anwendung der Maschenregel

Bearbeitet am: ____________

Berechne die fehlende Spannung U_R mithilfe der Maschenregel. Du findest sie in „Die Reihenschaltung“ auf Seite 65 unten.

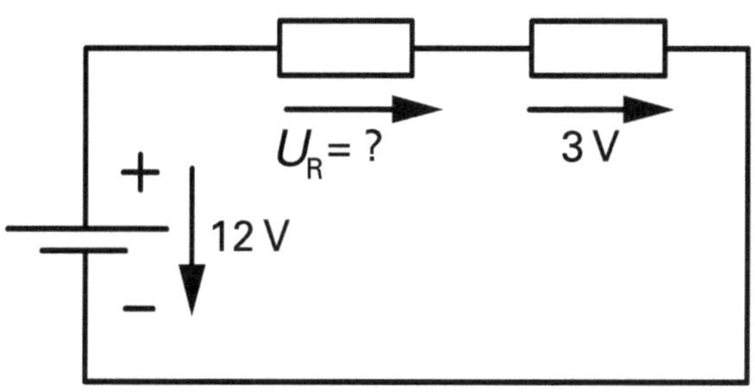

Schalter kombiniert

Bearbeitet am: ____________________

Hier siehst Du zwei Schalter, mit denen zwei Glühlampen ein- und ausgeschaltet werden können. Je nach Betätigungen leuchten die Glühlampen in unterschiedlichen Kombinationen auf. Beide Schalter sind so gezeichnet, als ob sie nicht betätigt wären.
Markiere die Glühlampen, die bei der entsprechenden Kombination von betätigten Schaltern leuchten (einkreisen oder einen „Leuchtschein" drumherum zeichnen o.ä.). Betätigte Schalter sind mit „1" eingetragen, unbetätigte Schalter mit „0".

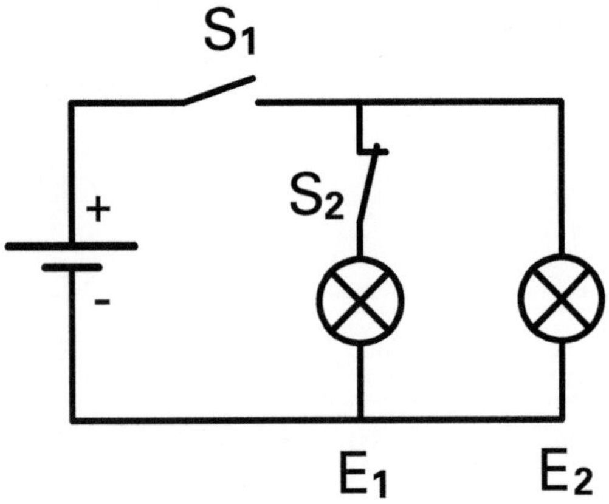

E1	E2	S1	S2
⊗	⊗	0	0
⊗	⊗	0	1
⊗	⊗	1	0
⊗	⊗	1	1

Schwierige Reihenschaltung

Bearbeitet am: ____________________

Du beobachtest einen Elektriker, wie er 20 Halogenlampen (à 12 V) parallel an einen dicken 12 V-Trafo anschließt. Du machst den Vorschlag, die Lampen stattdessen in Reihe direkt an 230 V anzuschließen. Damit würde er sich den Trafo sparen. Der Elektriker erwidert, dass Du „Probleme bekommen würdest, wenn eine der Lampen ausfällt". Was meint er?

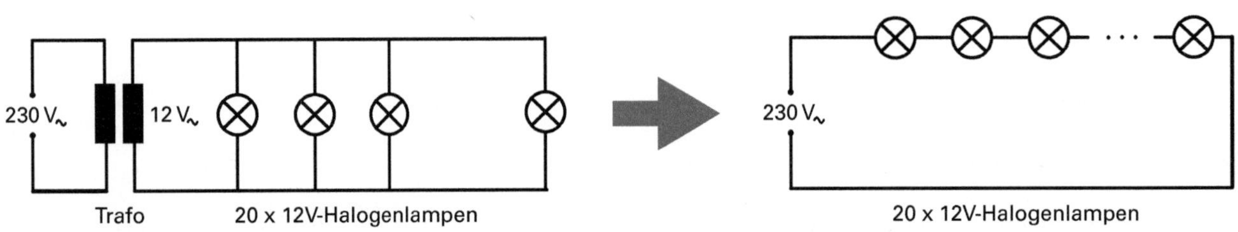

....

....

....

....

....

4 Messen von Strom und Spannung

Messen mit dem Multimeter – Teil 1

Wo man früher für jede Art der Messung ein eigenes teures Gerät brauchte, erledigen heute Vielfachmessgeräte, die „Multimeter", den Job mit einem Gerät. Der Umgang damit erfordert jedoch einige Übung.

Multimeter

Früher hatte man für jede elektrische Größe ein spezielles Messgerät. Es gab Spannungs-, Strom- und Widerstandsmessgeräte. Multimeter, auch Vielfachmessgeräte genannt, gibt es seit 1923. Sie vereinigen alle drei Geräte in einem Gehäuse. Die Bedienung kann je nach Gerätetyp unterschiedlich sein. Alle Multimeter haben jedoch Gemeinsamkeiten, die die Bedienung leicht machen.

Zu jedem Multimeter gehören Messleitungen. Damit schließt man das Multimeter an eine Schaltung oder ein Gerät oder an einen Teil einer Anlage an, in dem gemessen werden soll.

Bild 1: Ein Multimeter mit eingesteckten Messleitungen

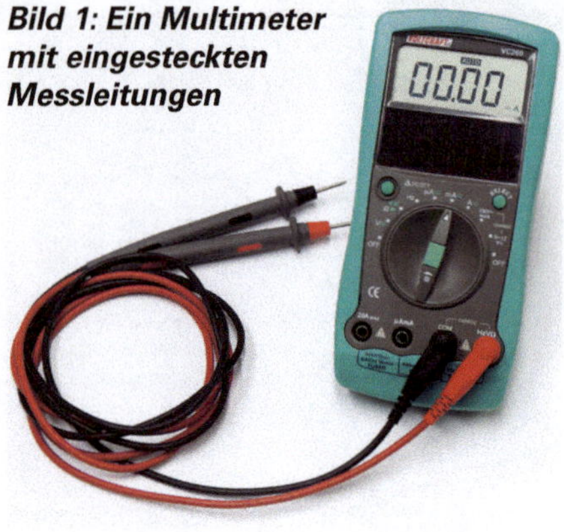

Betriebsarten und Symbole

Multimeter können Spannungen, Ströme oder Widerstände messen. Je nachdem, was gemessen werden soll, arbeiten sie ganz unterschiedlich. Dazu müssen sie unterschiedlich eingestellt werden und die Messleitungen müssen in passende Buchsen gesteckt werden.

In Schaltplänen tauchen Multimeter selten auf. Multimeter sind Messgeräte für die Konstruktion oder den Service, die nicht dauerhaft irgendwo bleiben und deswegen in Schaltpläne selten eingezeichnet werden. Trotzdem gibt es Symbole für Spannungsmesser und für Strommesser, siehe Bild 2. Das sind dann meistens fest eingebaute Messgeräte, die dann auch nur Spannung oder Strom messen können.

In diesem Buch tauchen Multimeter doch in Schaltplänen auf. Das ist für Übungszwecke. Sie sind dann je nach Betriebsart mit dem passenden Symbol gezeichnet.

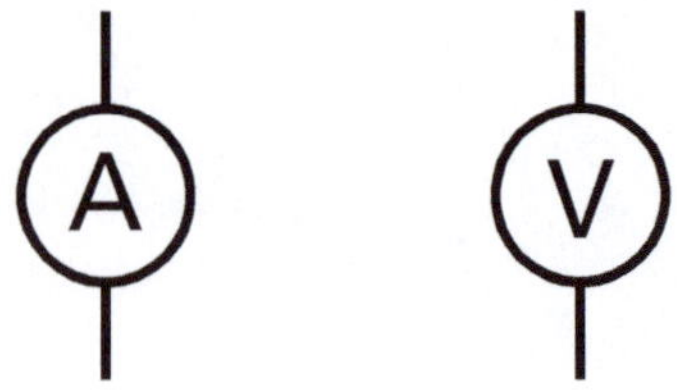

Bild 2: Symbole für Strommesser (Amperemeter, links) und Spannungsmesser (Voltmeter, rechts).

Anschließen für eine Spannungsmessung

Für Messungen an einem Bauteil oder an einer Anlage müssen Multimeter angeschlossen werden. Dazu gibt es **Anschlussbuchsen**, die immer am unteren Ende des Multimeters zu finden sind. In die Anschlussbuchsen werden **Messleitungen** gesteckt. Die Messleitungen werden dann mit dem Bauteil oder der Anlage verbunden, wo gemessen werden soll (das „Messobjekt"). Oft steckt man an die Enden der Messleitungen **Messspitzen**, mit denen man in das Messobjekt „pieksen" kann.

Eine Buchse ist mit **COM** gekennzeichnet. Sie ist bei allen Messungen immer die gemeinsame Rückleitung des Stromes. Dort kommt die schwarze Leitung hinein. Die rote Messleitung kommt bei einer Spannungsmessung in die Buchse, die mit **V** gekennzeichnet ist.

Dann piekst man die Messspitzen in das Messobjekt und liest die gemessene Spannung ab.

In der Betriebsart „Spannungsmessung" fließt fast kein Strom durch das Multimeter. Man „stört" das Messobjekt also nicht und kann beliebig oft messen. Diese Art des Anschlusses ist ein **paralleler Anschluss**.

Bild 3 zeigt ein Multimeter bei einer Spannungsmessung. Die Messspitzen sind als Pfeile gezeichnet. Bild 4 zeigt den dazugehörenden Schaltplan.

Da das Multimeter in der Betriebsart „Spannungsmessung" kaum Strom fließen lässt, ist diese Betriebsart weitgehend ungefährlich und man kann nichts kaputtmachen.

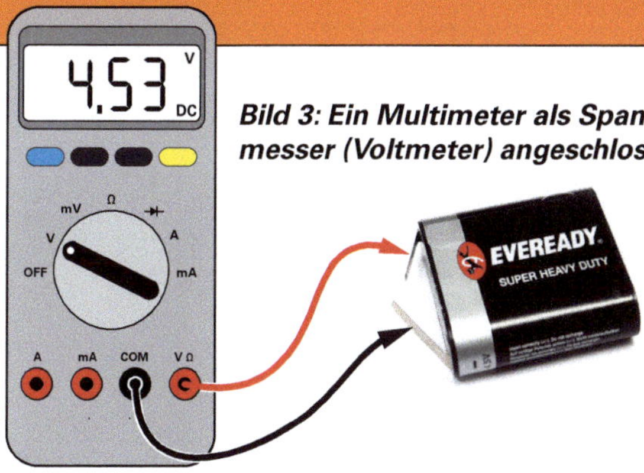

Bild 3: Ein Multimeter als Spannungsmesser (Voltmeter) angeschlossen.

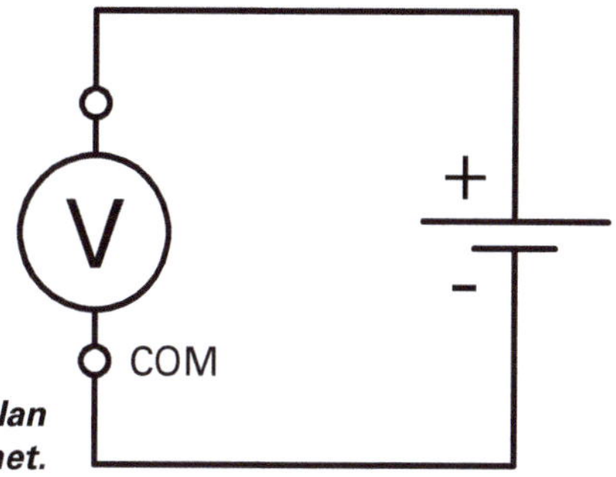

Bild 4: Als Schaltplan gezeichnet.

Anschließen für eine Strommessung

Bei einer Strommessung muss man komplett anders vorgehen. Der Strom fließt immer in einem Stromkreis. In diesen Stromkreis muss das Multimeter eingesetzt werden, damit der Strom hindurchfließen kann. Das Multimeter muss also **in Reihe** geschaltet werden, und zwar so, dass der Strom in eine **A**-Buchse hinein und aus der **COM**-Buchse wieder herausfließen kann (siehe Bild 5 und 6).

In dieser Betriebsart lässt das Multimeter den Strom fast ungehindert hindurchfließen, um den Stromkreis nicht zu „stören". Würde man das Multimeter in der Betriebsart „Strommessung" parallel zu einer Spannungsquelle anschließen, wäre dies ein Kurzschluss!

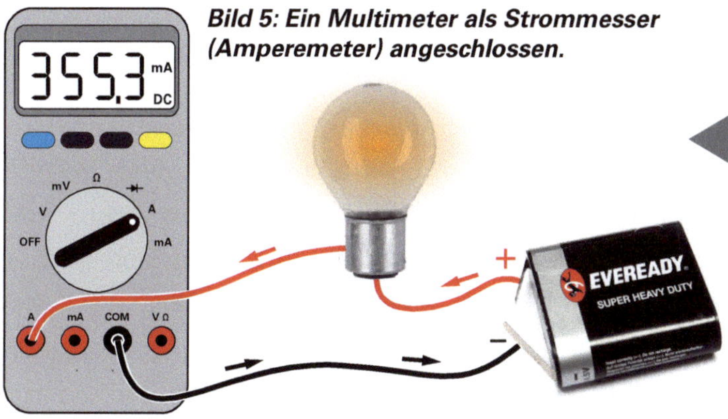

Bild 5: Ein Multimeter als Strommesser (Amperemeter) angeschlossen.

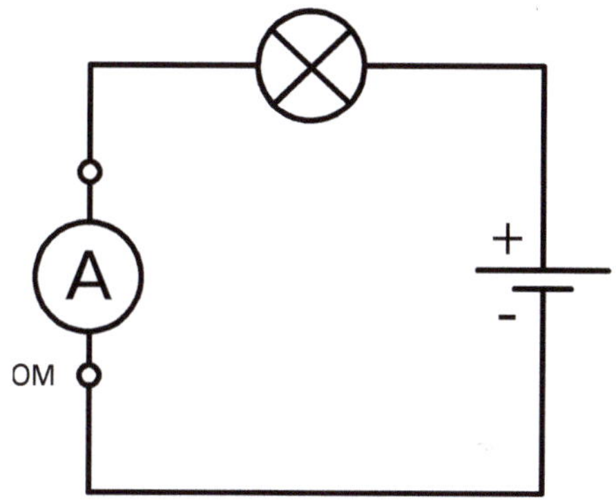

Bild 6: Als Schaltplan gezeichnet.

Innenwiderstände

Wie jeder Verbraucher haben auch Multimeter einen Widerstand, wenn sie als Strommessgeräte (Amperemeter) oder als Spannungsmesser (Voltmeter) verwendet werden. Man kann ihn nicht sehen, jedoch in den Betriebsanleitungen der Geräte nachlesen. Das ist der **Innenwiderstand** des Gerätes.

Der Innenwiderstand unterscheidet sich stark zwischen Strom- und Spannungsmessung. Bei der Spannungsmessung ist er sehr hoch, etwa 10 MΩ bei modernen Geräten. Bei einer Strommessung ist er sehr niedrig, etwa 10 mΩ bei modernen Geräten. Diese Werte sind passend zu den Messaufgaben. Der hohe Innenwiderstand bei der Spannungsmessung lässt keinen Strom fließen. Damit wird eine gemessene Spannung nicht durch Belastung verfälscht. Der niedrige Innenwiderstand bei der Strommessung verhindert, dass der Strom „abgebremst" und damit die Messung verfälscht wird.

Wahl des Messbereichs

Bei modernen Multimetern muss man nicht einstellen, ob man z.B. kleine, mittlere oder große Spannungen messen will. Dies erledigen die Geräte automatisch, mit der sogenannten **automatischen Messbereichswahl**. Es gibt aber noch ältere Geräte, bei denen man den Messbereich von Hand wählen muss. Auch neuere, besonders billige Geräte haben noch eine **manuelle Messbereichswahl**. Bei einem solchen Gerät beginnt man mit dem größten Messbereich und „arbeitet" sich nach unten, bis der Messwert passt.

Bild 7: Drehschalter für manuelle Bereichswahl

youtube.de → Multimeter Anleitung (4.30 min)
youtube.de → Strom messen/Spannung messen – Unterschiede (2.30 min)
conrad.de → Ratgeber → Wissen → Technik einfach erklärt → Multimeter Anleitung
virtphys.uni-bayreuth.de → Experimente zur Elektrizitätslehre → Multimeterbedienung
virtphys.uni-bayreuth.de → Experimente zur Elektrizitätslehre → Strom und Spannungsmessung ...

Wahl der Messart mit dem Drehschalter

Mit dem großen Drehschalter wird die Messart eingestellt. Um Ströme zu messen, d.h. das Multimeter als **Amperemeter** zu benutzen, wählt man eine **A**-Stellung. Um Spannungen zu messen, d.h. das Multimeter als **Voltmeter** zu benutzen, wählt man eine **V**-Stellung. Für eine Messung eines **Widerstandes** ist **Ω** auszuwählen.

Vor dem Einstellen des Drehschalters muss die zu messende Schaltung ausgeschaltet werden oder die Messleitungen müssen vom Messobjekt entfernt werden. Die Stellung des Drehschalters muss unbedingt zu den Buchsen passen, in die die Messleitungen eingesteckt werden.

Bei manchen Multimetern können **große und kleine Messbereiche** gewählt werden, meistens für die Strommessung **mA** und **A**.

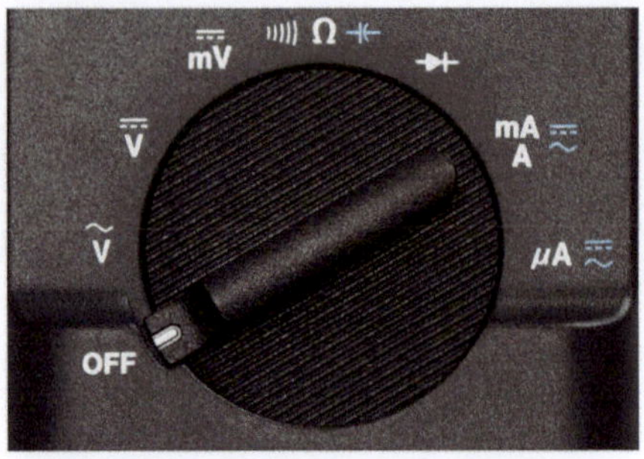

Bild 1: Ein Drehschalter zur Wahl der Messart

Weit verbreitet ist auch die Wahl zwischen **Wechsel- und Gleichstrom bzw. -spannung** über den Drehschalter.

Gleich- und Wechselgrößen

Die Einstellung Wechsel- oder Gleichstrom bzw. -spannung ist tückisch. Wählt man die falsche Variante, zeigt das Multimeter 0 V oder 0 A an, obwohl tatsächlich Spannung oder Strom vorhanden sind. Wechselstrom wird mit **AC** (*Alternating Current*) und Gleichstrom mit **DC** (*Direct Current*) gekennzeichnet. Das Gleiche gilt für die Spannung. Die dazugehörenden Symbole zeigt Bild 2. Einstellen kann man die Messung von Wechsel- oder Gleichstrom bzw. -spannung über einen Taster am Gerät oder aber zusammen mit den Messarten am großen Drehschalter. Die meisten Multimeter zeigen „AC" oder „DC" in ihrem Display an, dort lohnt sich immer ein genauerer Blick.

Bild 2: Symbole für Gleich-/Wechselstrom bzw. Spannung

Tips zum Umgang mit Multimetern bei einer Messung

Da die meisten Multimeter ganz ähnlich gebaut sind, gibt es mehr Gemeinsamkeiten als Unterschiede. Wichtig ist vor allem, dass die Stellung des Drehschalters zu den eingesteckten Messleitungen passt. Weiterhin sollte man bei der Stellung „Strommessung" besonders vorsichtig sein, denn das parallele Messen wäre hier ein Kurzschluss. Die meisten Multimeter sind mit Sicherungen versehen. Die teureren Geräte haben für alle Messbereiche Sicherungen. Bei preiswerten Geräten ist nur der kleinere Strommessbereich abgesichert. Ein Kurzschluss bei einem solchen Gerät würde die Elektronik verbrennen lassen.

Auf der Seite 77 ist eine Zusammenfassung für die Bedienung zu finden. So oder so ähnlich sehen die meisten Multimeter aus.

Im Kasten *Drehschalter* (Seite 77) sind die wichtigsten Symbole zu finden, die auf Drehschaltern aufgedruckt sind. Der Kasten *Anschlussbuchsen* zeigt die wichtigsten Arten von Anschlussbuchsen mit ihren Symbolen. Wenn man sich beim Messen an *die Reihenfolge im Kasten* hält, kann nichts passieren.

Zeigerinstrumente

Bei einem Zeigerinstrument kann man z.B. eine Spannung fortlaufend, also kontinuierlich, verfolgen. Jede Änderung ist mit Richtung und Geschwindigkeit klar erkennbar. Die Anzeige erfolgt stufenlos. Man nennt diese Art der Anzeige auch **Analog**. Analoge Instrumente werden z.B. in Pkw bevorzugt. Das klassische runde Ziffernblatt einer Uhr ist ein analoges Instrument genauso wie ein Quecksilberthermometer. Analoge Instrumente in der Elektrotechnik findet man da, wo Veränderungen von Messgrößen erkannt werden müssen.

Bild 2: Ein Amperemeter als Zeigerinstrument

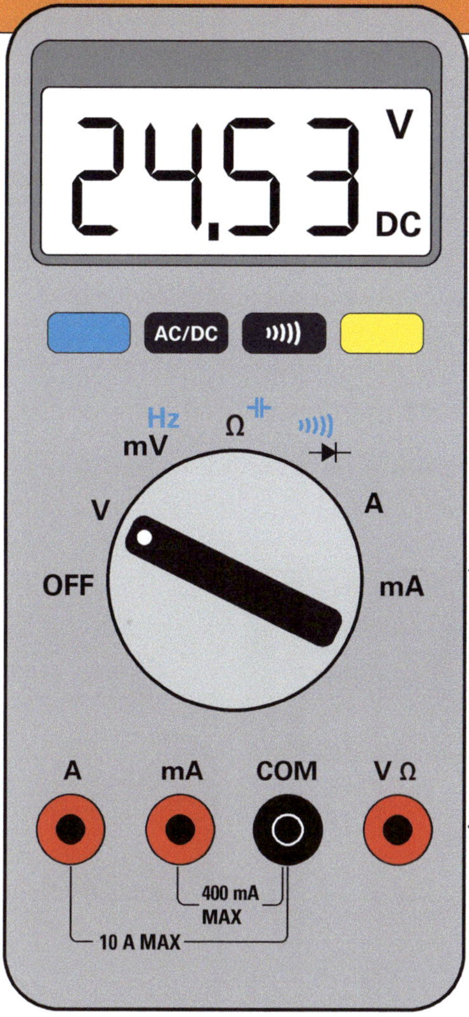

Display zur Anzeige des Messwertes und der Einheit

Verschiedenes, z. B. Displaybeleuchtung, Signalton oder AC/DC-Umschaltung

Drehschalter zur Wahl der Messart

Anschlussbuchsen mit COM-Buchse

Drehschalter

V	Spannungsmessung (Betrieb als Voltmeter)
mV	Spannungsmessung (Betrieb als Voltmeter), kleine Spannungen
Ω	Messung des Widerstandes
—▶|—	Diodentest
A	Strommessung, (Betrieb als Amperemeter), große Ströme
mA	Strommessung, (Betrieb als Amperemeter), kleine Ströme

Vorgehensweise

1	**Strom in der Schaltung oder für das zu messende Gerät ausschalten, falls möglich**	
2	**Mit dem Drehschalter die Messart wählen**	
3	**Strommessung:**	**Messleitungen in passende Buchsen einstecken und danach in Reihe im Stromkreis anschließen**
	Spannungsmessung:	**Messleitungen in passende Buchsen einstecken und danach parallel anschließen oder mit Messspitzen bereitlegen**
4	**Strom einschalten (nicht bei Widerstandsmessung)**	
5	**Bei Spannungsmessung mit Messspitzen: Kontakt zum Messobjekt herstellen**	

Anschlussbuchsen

COM	Masse, gemeinsame Rückleitung
A	Strommessung, hohe Ströme
mA	Strommessung, schwache Ströme
—▶|— VΩ	Spannungsmessung, Messung von Widerständen, Diodentest

Messen physikalischer Größen

Bearbeitet am: ____________________

Du hast sicher schon mal auf den Tachometer eines Pkw geschaut, ein Thermometer abgelesen oder Dich auf eine Waage gestellt. In allen Fällen hast Du eine physikalische Größe gemessen. Und für jede der Größen Geschwindigkeit, Temperatur und Gewicht hast Du das passende Messgerät verwendet. Das Ergebnis Deiner Messungen war eine Feststellung in der Art „Die Temperatur beträgt 26 Grad" oder „Wir fahren mit einer Geschwindigkeit von 160 km/h". Du hast bei den Messungen einen Zahlenwert herausgefunden und ihn einer physikalischen Größe mit ihrer Einheit zugeordnet.

Hier sind einige Messgeräte abgebildet. Finde heraus, was damit gemessen werden kann und schreibe Größe und Einheit in die Tabelle darunter.

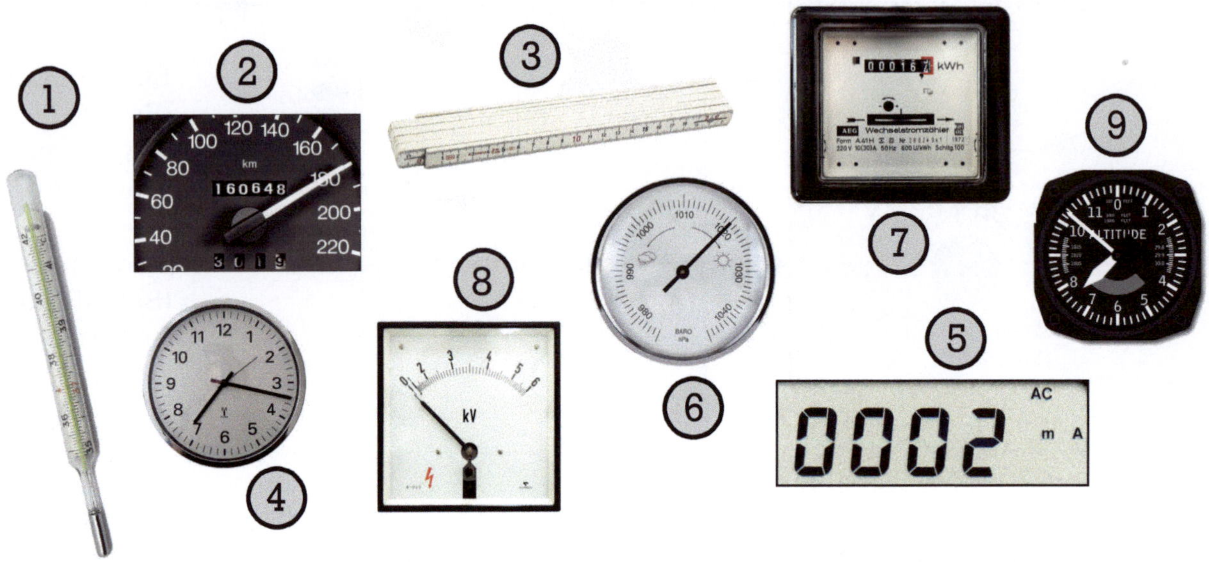

Nr.	Physikalische Größe	Einheit
1		
2		
3		
4		
5		
6		
7		
8		
9		

Anschlussbuchsen Multimeter

Bearbeitet am: ____________________

Es gibt Multimeter mit drei oder mit vier Anschlussbuchsen. In jedem Fall lassen sich die Buchsen in drei Gruppen einordnen. Oder anders formuliert: Es gibt drei Messfunktionen für die Anschlussbuchsen eines Multimeters. Schreibe sie auf für ein Multimeter mit drei Anschlussbuchsen.

1.

2.

3.

Anzeige im Display

Bearbeitet am: ____________________

Welche Messart und welcher Messbereich sind hier gewählt worden?

Messung vorbereiten

Bearbeitet am: ____________________

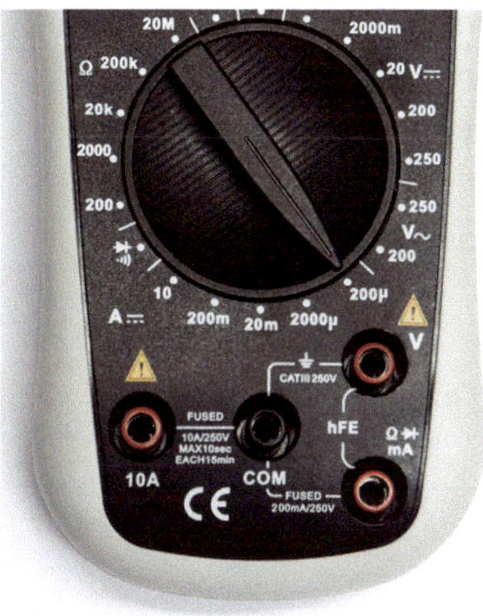

Für welche Messart und für welchen Messbereich ist das Multimeter vorbereitet?

In welche Anschlussbuchsen müssen die Messleitungen eingesteckt werden? Schreibe die Bezeichnung an den Buchsen auf.

Wahl AC/DC

Bearbeitet am: ____________________

Wie kann man an einem Multimeter einstellen, ob Wechselspannung (bzw. -strom) oder Gleichspannung (bzw. -strom) gemessen werden sollen?
Zeichne die Symbole auf, mit denen Wechselspannung bzw. -strom oder Gleichspannung bzw. -strom dargestellt werden.

Messung vorbereiten

Bearbeitet am: ____________________

Für welche Messart und für welchen Messbereich ist das Multimeter vorbereitet?

In welche Anschlussbuchsen müssen die Messleitungen eingesteckt werden? Schreibe die Bezeichnung an den Buchsen auf.

Messungenauigkeiten

Bearbeitet am: ____________________

Mit Messgeräten kann man nie ganz genau messen. Stattdessen haben alle Messgeräte eine Messungenauigkeit. Damit weicht der Messwert vom wahren Wert ab. Angegeben ist die Ungenauigkeit des Gerätes in % (Prozent). Rechne aus, in welchem Bereich Messwerte angezeigt werden können, wenn ein Voltmeter eine Ungenauigkeit von 1 % hat und tatsächlich die (wahren) Spannungen a) 12 V und b) 0,2 V gemessen werden.

Messen von Spannungen

Bearbeitet am: ______________________

Zeichne einen Stromkreis mit einer chemischen Spannungsquelle (also einer Batterie oder einem Akku), mit einer Leuchte als Verbraucher und einem Spannungsmesser, mit dem die Spannung an der Leuchte gemessen werden kann.

Messen von Strömen

Bearbeitet am: ______________________

Zeichne einen Stromkreis mit einer chemischen Spannungsquelle (also einer Batterie oder einem Akku), mit einer Leuchte als Verbraucher und einem Strommesser, mit dem der Strom durch die Leuchte gemessen werden kann.

Fehler beim Messen

Bearbeitet am: ______________________

Nachdem Du die Infoseiten „Messen mit dem Multimeter–Teil 2" ab Seite 76 gelesen hast, weißt Du sicher, dass man ein Messgerät für eine Spannungsmessung parallel zum Messobjekt und ein Messgerät für eine Strommessung in Reihe anschließen muss. Was darf auf keinen Fall falsch gemacht werden? Was können die Folgen sein?

....

....

....

....

Spannungsmessung

Bearbeitet am: ____________________

In dieser Aufgabe sollst Du ein Multimeter zur Messung der Spannung einer Batterie einsetzen. Kreuze zuerst die korrekte Stellung des Drehschalters an. Verbinde dann die richtigen Anschlussbuchsen mit den Anschlüssen der Batterie. Die Messspitzen der Messleitungen kannst Du mit Pfeilspitzen zeichnen.

Strommessung

Bearbeitet am: ____________________

In dieser Aufgabe sollst Du ein Multimeter zur Messung des Stromes durch eine Glühlampe einsetzen. Kreuze zuerst die korrekte Stellung des Drehschalters an. Verbinde dann die richtigen Anschlussbuchsen mit der Batterie und mit der Glühlampe.

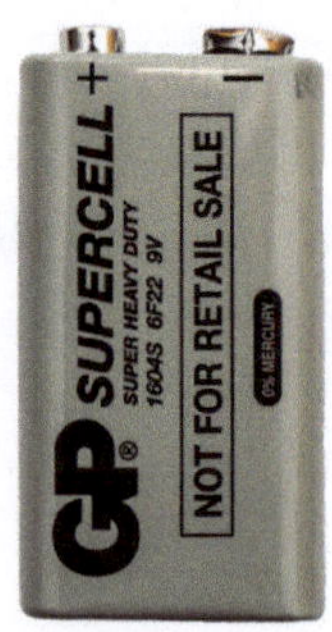

Strom- und Spannungsmessung

Bearbeitet am: ____________________

Du hast den Auftrag bekommen, Messschaltungen zu kontrollieren. Spannung und Strom sollen gleichzeitig gemessen werden. Einige Schaltungen sind falsch aufgebaut und einige davon sogar gefährlich, weil ein Kurzschluss vorliegt.
Kreuze „funktioniert" an, wenn Spannungs- **und** Strommessung funktionieren. Kreuze „gefährlich" an, wenn die Schaltung einen Kurzschluss enthält.

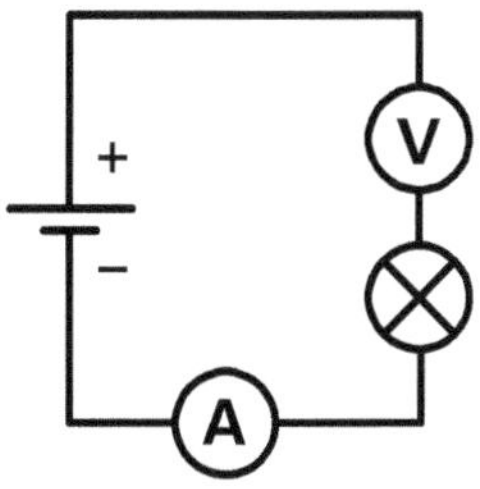

☐ funktioniert

☐ funktioniert nicht

☐ gefährlich

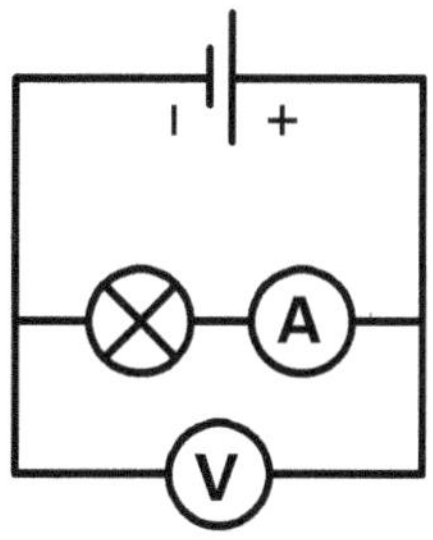

☐ funktioniert

☐ funktioniert nicht

☐ gefährlich

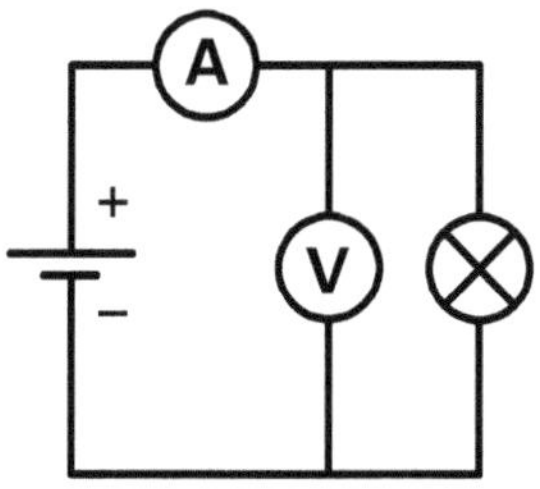

☐ funktioniert

☐ funktioniert nicht

☐ gefährlich

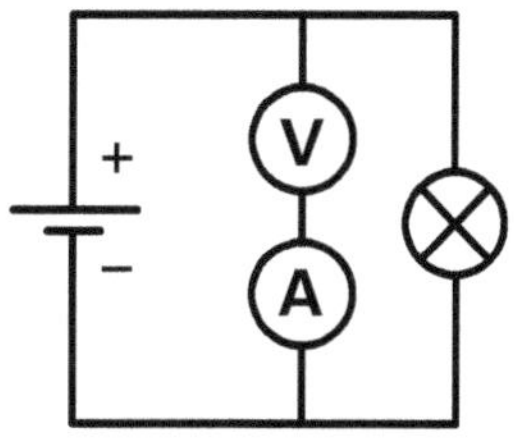

☐ funktioniert

☐ funktioniert nicht

☐ gefährlich

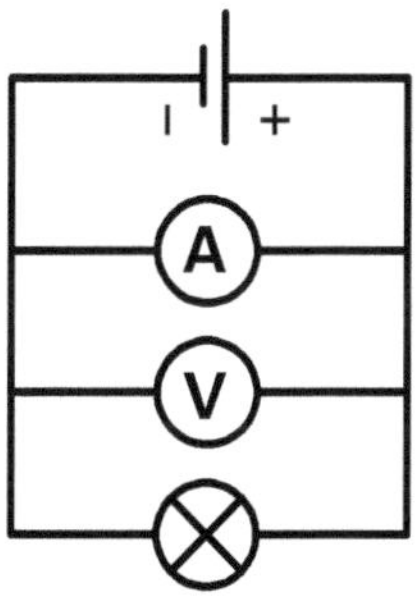

☐ funktioniert

☐ funktioniert nicht

☐ gefährlich

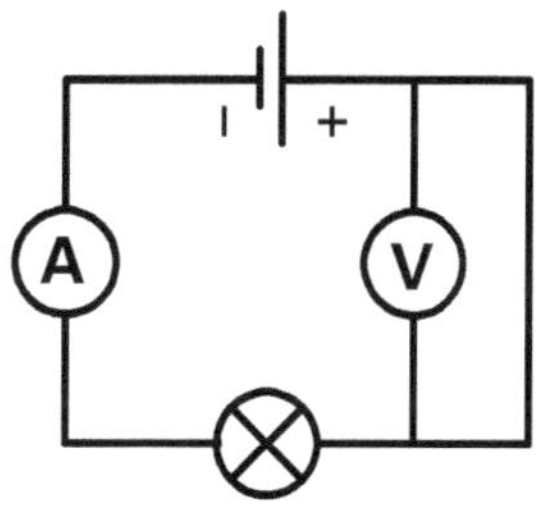

☐ funktioniert

☐ funktioniert nicht

☐ gefährlich

Strommessung

Bearbeitet am: ____________________

Schreibe die Schritte in korrekter Reihenfolge auf, die erforderlich sind, um mit einem Multimeter eine Messung des Stromes durchzuführen.

Analoge Messgeräte

Bearbeitet am: ____________________

Früher hatten alle Messgeräte Zeiger. Die waren oft schwierig abzulesen. Weiterhin gab es keine automatische Messbereichswahl. Man musste im Voraus ungefähr wissen, wie hoch der Messwert sein würde und das Instrument entsprechend einstellen.
Was zeigt dieses Instrument an? Schreibe es so genau wie möglich mit Zahlenwert und Einheit auf.

....

....

Duspol

Bearbeitet am: ____________________

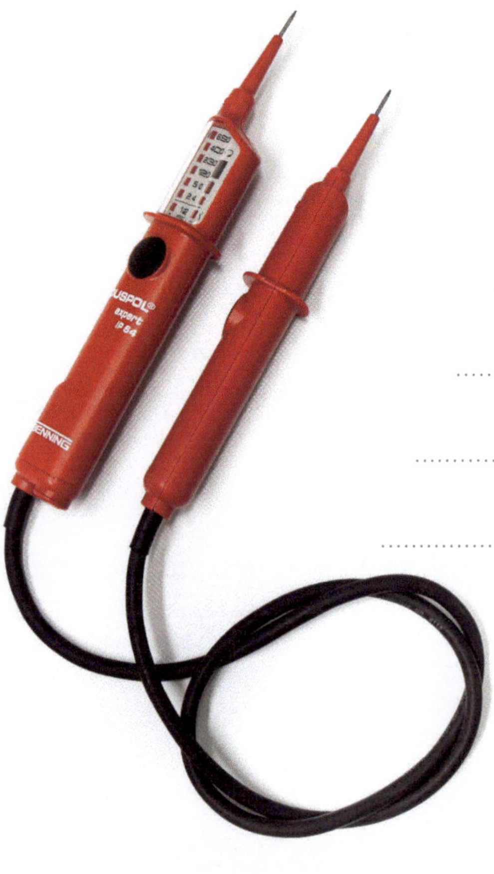

Finde heraus, was das hier für ein Messgerät ist. Worin unterscheidet es sich von einem Multimeter? Wo und von wem wird es eingesetzt? Was kann gemessen werden?

....

....

....

....

....

....

....

....

Praktische Übung: Die Apfelbatterie

Bearbeitet am: ______________________

Bei diesem Experiment sollst Du mit einem Multimeter Spannungen messen. Für den Anfang eignen sich dazu kleine Spannungen sehr gut.

Batterien funktionieren im Prinzip alle gleich. Durch einen chemischen Prozess findet eine Ladungstrennung statt. Es gibt zwei elektrische Pole, einen Plus- und einen Minuspol, die sich in einem Elektrolyt (Säure oder Lauge) befinden. Die Spannung zwischen diesen Polen kann man messen. Für dieses Experiment brauchst Du folgendes: Einen Apfel, falls vorhanden, noch eine Zitrone oder eine Kartoffel. Dann verschiedene Metalle, die Du hineinstecken kannst: Ein 5-Cent-Stück, eine Büroklammer, ein Messer oder ein Haustürschlüssel, andere Metalle, falls vorhanden. Und natürlich ein Multimeter und passende Leitungen zum Messen.

1. Zeichne einen Schaltplan, der einen Apfel als Spannungsquelle und ein daran angeschlossenes Multimeter als Spannungsmesser zeigt.

2. Finde heraus, wovon die Höhe der Spannung abhängt und wovon nicht und schreibe es auf. Einige Denkanstöße: Du kannst die Art der Metalle austauschen, sie näher zusammenstecken oder weiter weg halten etc. Bilde mit Mitschülern ein Team und versuche, mit geeigneten Metall/Fruchtkombinationen eine höhere Spannung als die anderen Teams zu erzeugen! Schreibe auf, mit welcher Metallkombination Ihr die höchste Spannung erzielt habt.

Analoge und digitale Messgeräte

Bearbeitet am: ____________

Analoge Messgeräte arbeiten mit Zeigern, digitale Messgeräte arbeiten mit Ziffern. Wo liegen die Vorteile und Nachteile der beiden Varianten? In welchen Bereich würdest Du die Anzeige links einordnen?

....

....

....

....

....

Berechnung des Mittelwertes

Bearbeitet am: ____________

Kein Messgerät ist 100%ig genau. Stattdessen sind alle Messungen immer mit kleineren oder größeren Ungenauigkeiten behaftet. Eine gute Strategie, damit umzugehen, ist die Bildung eines Mittelwertes aus mehreren einzelnen Messwerten. Infomiere Dich, wie man den Mittelwert berechnet. Berechne dann den Mittelwert der angegebenen Messwerte.

U_1 = 1,95 V
U_2 = 2,01 V
U_3 = 2,05 V
U_4 = 2,10 V
U_5 = 1,98 V

Innenwiderstände

Bearbeitet am: ____________

Warum sind Innenwiderstände bei Multimetern als Spannungsmessgeräte hoch und als Strommessgeräte niedrig?

....

....

....

....

Spannungsmessung in einem Gerät

Bearbeitet am: ____________

In dieser Aufgabe solltst Du so vorgehen, als ob Du in einer elektronischen Schaltung Spannungen messen würdest. Bei den Instrumenten unten werden verschiedene Spannungen abgegriffen. Die Potenziale an den Messpunkten findest Du in der Tabelle unten rechts. Rechne aus, welche Spannung jeweils zu erwarten ist.

Hinweis: Infos zu Spannung und Potenzial findest Du im entsprechenden Infoblatt.

Spannungsmesser Nr.	Spannung
1	
2	
3	
4	
5	

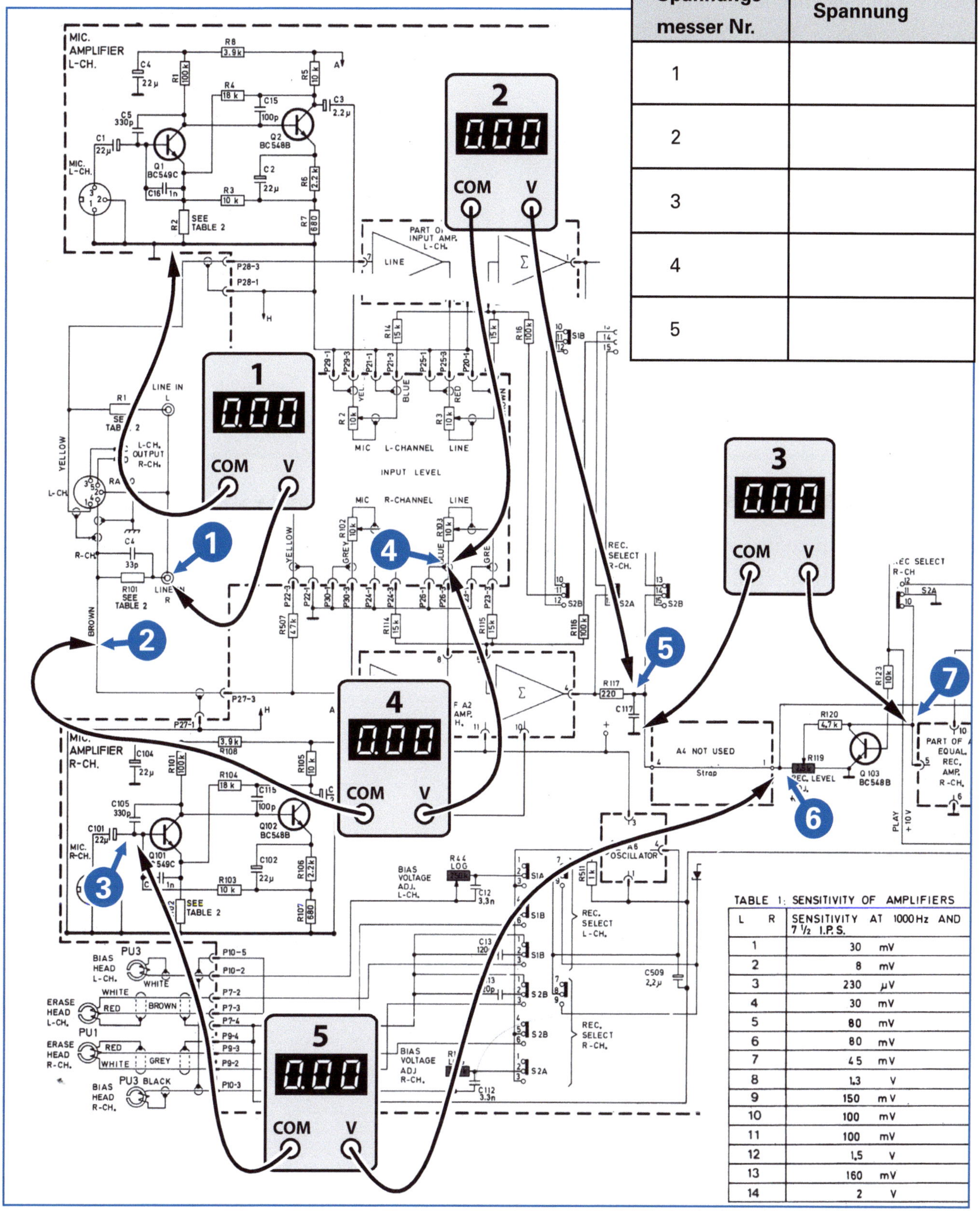

Fehler bei einer Strommessung

Bearbeitet am: ____________

Der Strom durch einen Widerstand mit kleinem Widerstandswert soll gemessen werden. Leider sind bei dem Aufbau rechts einige Fehler gemacht worden. Was würdest Du besser machen?

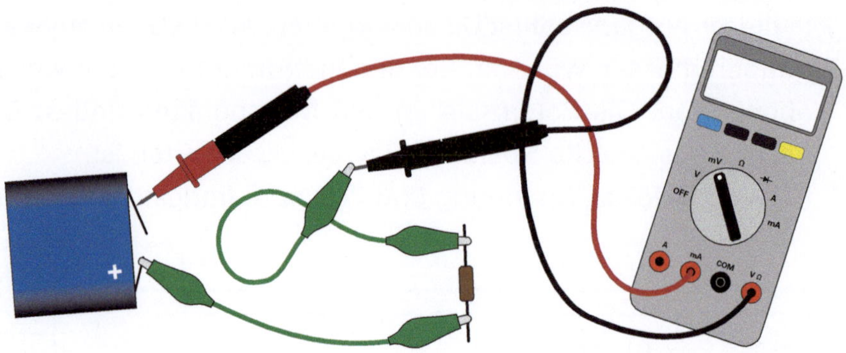

Wie funktioniert ein Drehspulmesswerk?

Bearbeitet am: ____________

Erkläre, wie ein analoges Drehspulmesswerk funktioniert. Beschaffe Dir die passenden Informationen im Internet. Folgende Begriffe sollten in Deiner Erklärung vorkommen: *Spule*, *Dauermagnet*, *drehbar*, *Strom*, *abstoßen*, *Zeiger*, *Skala*.

Praktische Übung: Reihenschaltung von Spannungsquellen

Bearbeitet am: ____________

Bei diesem Experiment geht es um die Reihenschaltung von Spannungsquellen. Du sollst untersuchen, wie sich die Gesamtspannung bei einer Reihenschaltung von Spannungsquellen ergibt. Für dieses Experiment musst Du Dich in Dreiergruppen mit Deinen Mitschülern zusammentun, denn Ihr braucht drei Batterien für eine Reihenschaltung.

1. Verbinde drei der 4,5 V-Flachbatterien mit zwei Messleitungen wie in Bild 1 zu sehen. Markiere die Batterien mit Bleistift oder schreibe Dir die Hersteller zusammen mit Nummern von 1 bis 3 auf.

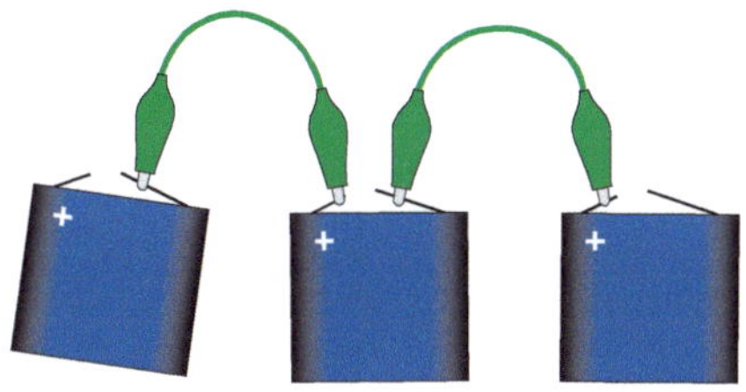

2. Zeichne einen Schaltplan mit einem Spannungsmesser, der die Gesamtspannung misst.

3. Mach Dich mit dem Multimeter vertraut, das Dir Dein Lehrer zum Messen gegeben hat. Wie man Multimeter bedient, ist auf den Infoseiten „Messen mit dem Multimeter – Teil 1", Seite 74 und Seite 75, zu finden. Schalte das Multimeter in die Betriebsart ***Spannungsmessung***. Stecke die Messleitungen in die richtigen Buchsen. Bei dieser Aufgabe ist es besonders wichtig, dass Du bei den Messungen nichts falsch machst, da Du hier mit einer höheren Spannung arbeitest.
Miss die Einzelspannungen der drei Batterien und dann die Gesamtspannung aller drei Batterien der Reihenschaltung. Wie kann die Gesamtspannung einer Reihenschaltung von Spannungsquellen berechnet werden? Schreibe Deine Erkenntnis auf.

Batterie 1	Batterie 2	Batterie 3	Gesamtspannung

Das brauchst Du:

3 Batterien

Die Flachbatterien sind bereits für frühere Experimente angeschafft worden.

Für drei Batterien müsst Ihr Euch als Gruppe zusammentun.

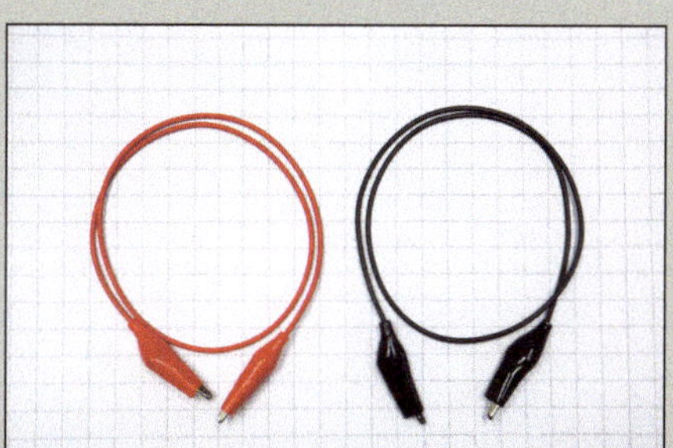

2 Messleitungen

How to measure current

Bearbeitet am: ____________

Measuring current is tricky because you have to measure current in series. To measure current you must first interrupt the flow of current and then put the meter in line by connecting the two leads of the ammeter in the circuit so that the current flows through the ammeter. In other words, the ammeter must become a part of the circuit itself.

Übersetze diesen Text ins Deutsche!

Zeigerinstrument

Bearbeitet am: ____________

Hier siehst Du ein Zeigerinstrument. Es ist für den Einbau in Geräte vorgesehen. Auf der Skala links unten sind mehrere Symbole zu sehen. Die ersten beiden sind besonders wichtig.
Finde heraus, was genau mit diesem Instrument gemessen werden kann. Erklärungen zu den Symbolen findest Du im Internet.

5 Das ohmsche Gesetz und der Widerstand

Das ohmsche Gesetz

Das ohmsche Gesetz ist die Basis für das Verständnis des Zusammenhangs zwischen Strom, Spannung und Widerstand in einem Stromkreis und die wichtigste Formel der Elektrotechnik.

Der elektrische Widerstand, Bedeutung 1

Alle Leiter und Verbraucher setzen dem Strom einen Widerstand entgegen. Er ist eine physikalische Eigenschaft. Wie alle physikalischen Eigenschaften hat er einen Formelbuchstaben und eine Einheit. Der Formelbuchstabe ist das *R* (von engl. *resistance*). Die Einheit ist das **Ohm** (Ω). Bei Leitungen ist der Widerstand meistens unerwünscht, er verursacht Verluste und soll so klein wie möglich sein. Leitungen bestehen daher aus gut leitenden Metallen, z. B. Kupfer oder Aluminium. Bei Isolatoren soll der Widerstand möglichst hoch sein. Sie bestehen daher aus schlecht leitenden Materialien, wie z. B. Kunststoff oder Glas.

Widerstand	
Formelbuchstabe	***R***
Einheit	**Ω (Ohm)**

Der elektrische Widerstand, Bedeutung 2

In den meisten elektrischen und elektronischen Geräten ist es an mehreren Stellen erforderlich, den Stromfluss absichtlich zu verkleinern. Dafür verwendet man Widerstände. Es sind meist kleine Bauelemente, die für wenig Geld zu kaufen sind. Es gibt sie mit vielen verschiedenen Werten. Das Schaltsymbol eines Widerstandes sieht so aus:

Bild 1: Ein Widerstand als Schaltsymbol

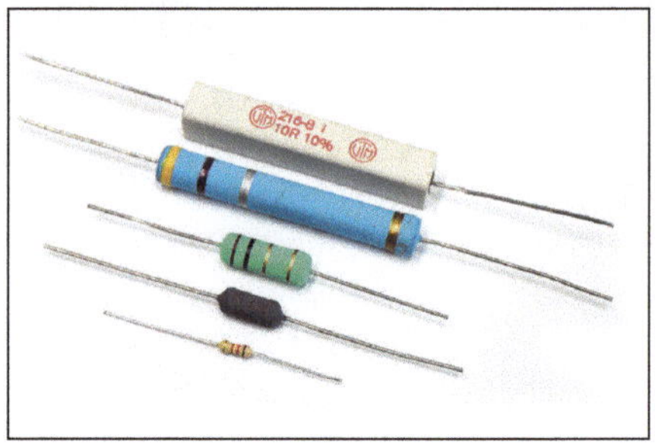

Bild 2: Einige Widerstände als Bauelemente

Mehr Spannung – mehr Strom

Schau Dir das Wassermodell (Bild 3) an: Die Engstelle und damit der Widerstand ist bei beiden Rohren gleich. Darüber gibt es jeweils einen Behälter. Einer der beiden Behälter erzeugt einen höheren Druck als der andere. Dort ist der Wasserdurchfluss höher als bei dem Behälter mit dem niedrigeren Druck.

In der Elektrotechnik verhält es sich genauso. Der Strom, der durch einen Widerstand fließt, ist von der antreibenden Spannung abhängig. Je höher die Spannung, desto höher der Strom. Je niedriger die Spannung, desto niedriger der Strom.

Bild 3: Größerer Druck - mehr Strom

Mehr Widerstand – weniger Strom

Schau Dir Bild 4 an: Hier ist die Situation anders. Es gibt nur noch einen Behälter, der mit gleichem Druck auf die beiden Engstellen wirkt. Ist die Engstelle größer im Durchmesser, ist der Widerstand geringer und es kann mehr Wasser pro Sekunde hindurchfließen. Ist die Engstelle im Durchmesser geringer, ist der Widerstand größer und es fließt weniger Wasser pro Sekunde durch die Engstelle hindurch.

Der Strom ist also vom Widerstand in umgekehrter Weise abhängig: Ein größerer Widerstand verkleinert den Strom. Ein kleiner Widerstand lässt einen größeren Strom fließen.

Bild 4: Größerer Widerstand - weniger Strom

Das ohmsche Gesetz

Das ohmsche Gesetz beschreibt den Zusammenhang zwischen Strom, Spannung und Widerstand. Es kann in drei Formeln aufgeschrieben werden, die mathematisch ineinander umgewandelt werden können. In dieser Form wurde es von *Georg Simon Ohm* 1826 entdeckt.

Unser Wassermodell passt zu dieser Variante des ohmschen Gesetzes. Die Spannung steht über dem Bruchstrich. Also bedeutet höhere Spannung höheren Strom und kleinere Spannung bedeutet kleineren Strom. Der Widerstand steht unter dem Bruchstrich. Er wirkt daher umgekehrt: Höherer Widerstand bewirkt kleineren Strom, niedrigerer Widerstand bewirkt größeren Strom.

$$I = \frac{U}{R}$$

Hier kann der Widerstand durch das Verhältnis von Strom und Spannung ausgerechnet werden. Merke: Ein Widerstand hat den Wert 1 Ω, wenn bei 1 V Spannung ein Strom von 1 A fließt.

$$R = \frac{U}{I}$$

$$U = R \cdot I$$

Der Widerstand ist ein Verbraucher, an dem eine Spannung abfällt. Sie ist umso höher, je höher der Strom durch den Widerstand ist und je größer der Widerstand selbst ist.

Messen von Widerständen

Das Messen von Widerständen ist einfach. Wichtig ist vor allem, dass durch den Widerstand, der gemessen werden soll, vor der Messung kein Strom fließen darf. Falls der Widerstand irgendwo eingebaut ist, muss dort der Strom ausgeschaltet werden. Dann ist das Multimeter auf **Ω** einzustellen. Die Messleitungen kommen in die Buchsen **COM** und **V/Ω**. Die Polarität spielt keine Rolle. Nun kann gemessen werden.

Das ohmsche Gesetz als mathematische Funktion

Nehmen wir an, wir wollen herausfinden, wie der Strom von der Spannung abhängt. Wir würden die Spannung an einem Widerstand verändern und schauen, welcher Strom sich ergibt.

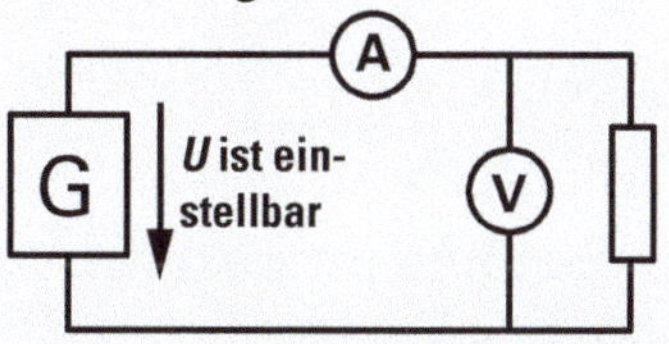

Messung von Strom und Spannung

Bei einer Messung ergäben sich also immer ein Wert für die Spannung und einer für den Strom. Diese Messwerte lassen sich in ein Funktionsdiagramm eintragen.

Man erkennt, dass der Funktionsverlauf eine Gerade ist. I und U stehen immer im gleichen Verhältnis zueinander. Man sagt auch, dass I *proportional* zu U ist.

Die Funktion ist dann eine Gerade. Man nennt solche Funktionen auch *lineare* Funktionen. Das ohmsche Gesetz ist solch eine lineare Funktion, mit der das Rechnen einfach ist.

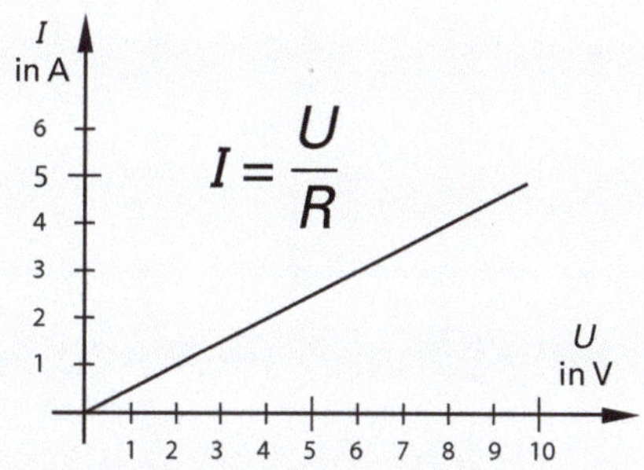

Es ergibt sich eine lineare Funktion

kids-and-science.de → Wie funktionierts? → Was ist elektrischer Widerstand
youtube.de → Ohmsches Gesetz und Widerstände (5.40 min)
youtube.de → Elektrosong Nr. 2 Das ohmsche Gesetz (1.50 min)
schule-bw.de → Fächer und Schularten → Physik → Unterrichtsmaterialien → Elektrizitätslehre 1 → Gesetz von Ohm
youtube.de → Elektrischen Widerstand ausrechnen – Ohmsches Gesetz

Das ohmsche Gesetz im Wortlaut

Bearbeitet am: ____________

Das ohmsche Gesetz lässt sich (natürlich) als Formel aufschreiben, aber auch mit Worten formulieren. Ergänze die fehlenden Stellen in diesem Lückentext.

____________ man die Spannung an einem gleichbleibenden Widerstand, so wird der Strom stärker. Verkleinert man einen Widerstand bei einer gleichbleibenden Spannung, so ____________ sich der Strom. Erhöht man den Strom bei einem unveränderlichen Widerstand, so ____________ die Spannung.

Ermittlung eines Widerstandes

Bearbeitet am: ____________

Der Wert eines Widerstandes soll herausgefunden werden. Zur Messung stehen zwei Multimeter zur Verfügung, die aber ausnahmsweise beide keine Funktion zur direkten Messung eines Widerstandes haben. Entwickle eine Schaltung mit den beiden Multimetern, sodass der Wert des Widerstandes herausgefunden werden kann.

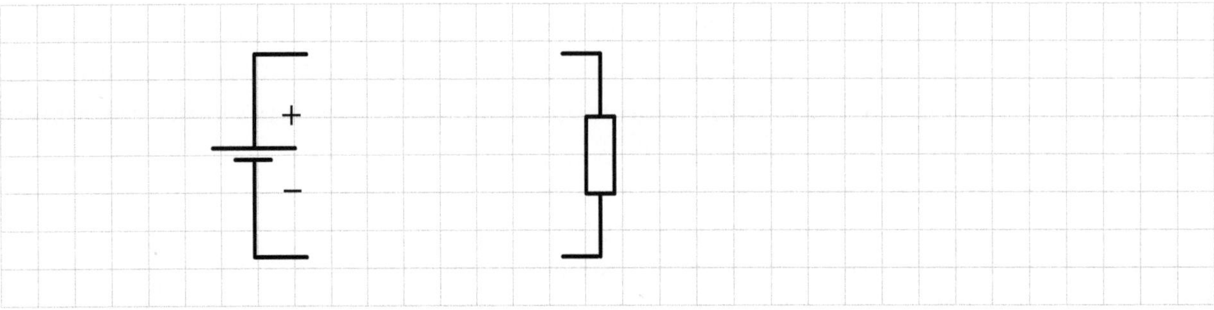

Fremde Länder, andere Spannungen

Bearbeitet am: ____________

In den USA und in manchen Ländern Südamerikas beträgt die Netzspannung nur 110 V statt der 230 V unseres Netzes. Mit entsprechenden einfachen Adaptern für Stecker und Steckdosen könnte man Geräte für 230 V an das 110 V-Netz anschließen und umgekehrt. Von welcher der beiden Vorgehensweisen wäre abzuraten? Begründe Deine Antwort!

....

....

....

....

Rechnen mit dem ohmschen Gesetz (1)

Bearbeitet am: ______________

An einem Widerstand von 12 Ω liegt eine Spannung von 0,3 V an. Rechne den Wert des Stromes durch den Widerstand aus. Vermeide es, nur mit dem Taschenrechner zu arbeiten. Schreibe auf, was gegeben und gesucht ist. Schreibe alle Zwischenschritte so ausführlich wie möglich auf, auch, wenn es Dir unnötig erscheint.

Rechnungen mit dem ohmschen Gesetz (2)

Bearbeitet am: ______________

Durch einen Widerstand von 0,5 kΩ fließt ein Strom von 10 mA. Berechne den Wert der Spannung. Vermeide es, nur mit dem Taschenrechner zu arbeiten. Schreibe auf, was gegeben und gesucht ist. Schreibe alle Zwischenschritte so ausführlich wie möglich auf, auch, wenn es Dir unnötig erscheint.

Rechnungen zum ohmschen Gesetz

Bearbeitet am: ____________

Berechne die fehlenden Werte in der Tabelle:

R	***U***	*I*
10 Ω	40 V	
	9 V	0,45 A
4,7 kΩ		30 mA
82 kΩ	230 V	
	10 kV	0,75 kA
520 Ω	78 mV	
220 kΩ		0,1 mA
	80 µV	0,2 mV

Überprüfung von Widerständen

Bearbeitet am: ____________

In einer Werkstatt wurden einige Widerstände überprüft. Dazu hat man bei einer festen Spannung von 12 V die Ströme durch die Widerstände gemessen. Finde heraus, welche Widerstände offensichtlich defekt sind.

Widerstand	**Strom**	**Defekt**	**O.K.**
10 Ω	195 mA	☐	☐
20 Ω	0,599 A	☐	☐
100 Ω	0,121 A	☐	☐
470 Ω	25,4 mA	☐	☐
1 kΩ	11,99 mA	☐	☐
2 kΩ	528 mA	☐	☐
10 kΩ	3,85 mA	☐	☐
20 kΩ	0,6 mA	☐	☐
100 kΩ	145 mA	☐	☐

Leuchtdiode an Autobatterie

Bearbeitet am: ______________

Leuchtdioden (LEDs) haben einen Widerstandswert von etwa 100 Ω. Sie dürfen meist nur mit etwa 20 mA Strom belastet werden. Darfst Du eine solche LED direkt an eine Pkw-Starterbatterie anschließen, um z. B. den Innenraum Deines Pkw zu beleuchten? Begründe Deine Antwort!

Widerstand Bügeleisen

Bearbeitet am: ______________

Der Strom durch ein Bügeleisen ist mit etwa 8 A angegeben. Welcher Widerstandswert ist zu erwarten?
(Anmerkung: Du musst einen fehlenden Wert für diese Rechnung selbst finden)

Das ohmsche Gesetz im Dreieck

Bearbeitet am: ______________

Vielleicht kennst Du diese Eselsbrücke für das ohmsche Gesetz noch aus Deiner früheren Schulzeit. Falls nicht, kann Dir wahrscheinlich ein Mitschüler helfen.
Schreibe auf, wie dieses Dreieck benutzt werden kann, um die drei Varianten des ohmschen Gesetzes herzuleiten.

Ohmsches Gesetz durcheinander

Bearbeitet am: ______________

Nachfolgend siehst Du Satzteile. Richtig zusammengesetzt ergeben sie einen sinnvollen Text über das ohmsche Gesetz. Schreibe den Text in richtiger Reihenfolge auf.

zwischen Strom,	Es zeigt, dass bei steigender	Das ohmsche Gesetz	$R = U/I$.
Spannung und Widerstand.	Spannung der Strom	beschreibt den Zusammenhang	
der Widerstand beibehalten wird.	auch ansteigt, wenn	Die Formel sieht so aus:	

....

....

....

....

Der Leitwert

Bearbeitet am: ______________

Der elektrische Widerstand hat die Einheit Ohm (Ω). Bei sehr kleinen Widerständen werden die Zahlenwerte schnell unhandlich, z. B. 0,00035 Ω. Das ist vor allem bei Metallen der Fall, die den Strom sehr gut leiten.
Es gibt aber noch eine weitere physikalische Größe, die für solche guten Leiter besser geeignet ist als der Widerstand. Man nennt diese Größe den Leitwert. Sein Formelbuchstabe ist das G. Die Berechnung ist einfach: Es gilt $G = 1/R$. Also: Je kleiner der Widerstand, desto größer der Leitwert. Die Einheit für den Leitwert ist Siemens (S).

Berechne für folgende Widerstände den Leitwert:

$R = 0{,}1\ \Omega$ $G =$

$R = 0{,}005\ \Omega$ $G =$

$R = 20\ \text{m}\Omega$ $G =$

$R = 0{,}8\ \text{m}\Omega$ $G =$

Das ohmsche Gesetz als Funktion

Bearbeitet am: ____________________

Du hast sicher in der Schule schon mal von Funktionen gehört. Man kann sie als Diagramme mit einer X-Achse und einer Y-Achse zeichnen. Zu jedem X gibt es ein Y. Das Y wird mithilfe der Funktion berechnet. Zeichnet man die Werte für viele XY-Paare in das Diagramm, so erhält man den Funktionsverlauf. Er kann ganz unterschiedlich aussehen, je nach Funktion. Auch das ohmsche Gesetz ist eine Funktion. Unten siehst Du drei Funktionsverläufe. Nur einer davon passt zum ohmschen Gesetz. Finde heraus, welcher und schreibe eine Begründung auf.

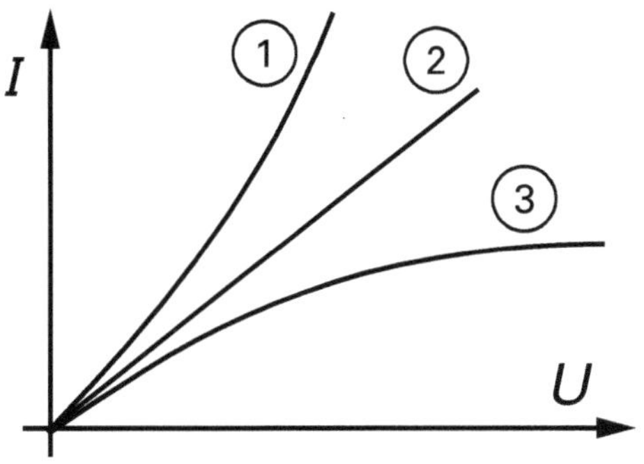

....

....

....

....

....

....

Das ohmsche Gesetz – Funktionsverlauf zeichnen

Bearbeitet am: ____________________

Zeichne den Funktionsverlauf des ohmschen Gesetzes für einen Widerstand von 15 Ω.

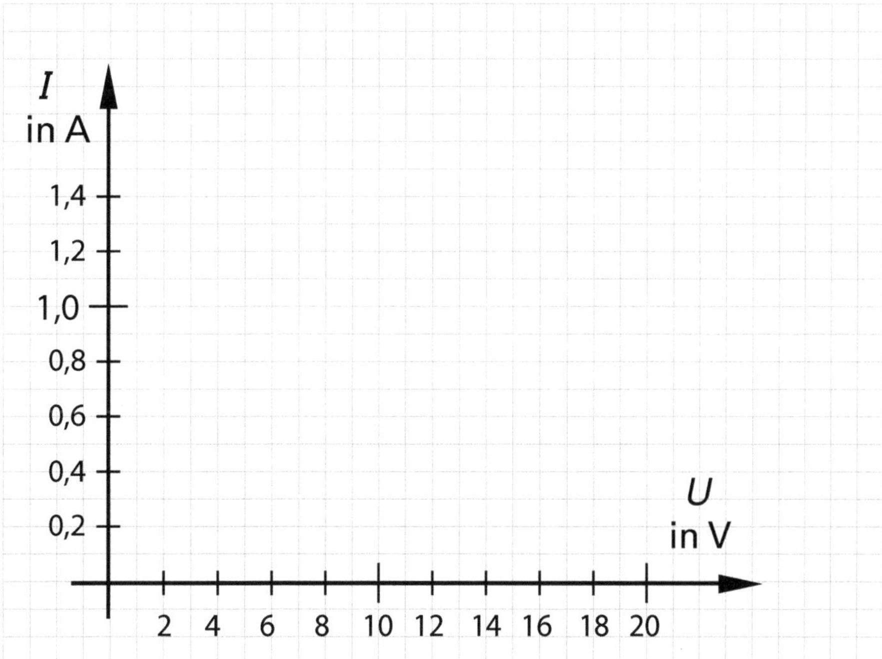

[vel.plus/EB07]

Widerstände als Bauelemente

Das ohmsche Gesetz ist die Basis für das Verständnis des Zusammenhangs zwischen Strom, Spannung und Widerstand im Stromkreis. Drei Formeln sind leicht zu merken und leicht anzuwenden.

Wie sehen Widerstände aus?

In elektronischen Schaltungen (z. B. in Deinem Smartphone) sind jede Menge Widerstände eingebaut. Es sind kleine Bauteile in unterschiedlichen Formen, die nur wenige Cent kosten. Man unterscheidet Festwiderstände von einstellbaren Widerständen.

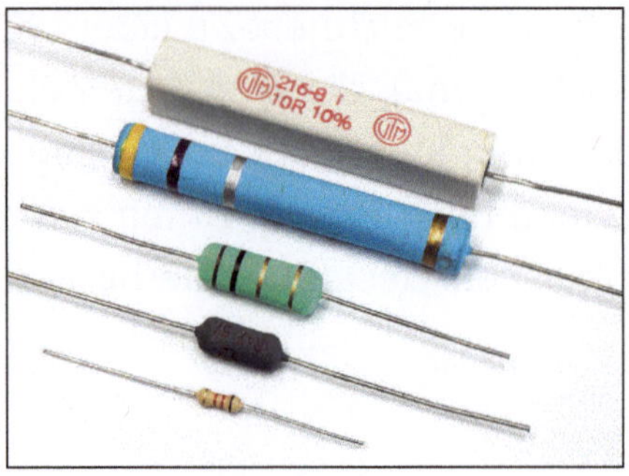

Bild 1: Festwiderstände

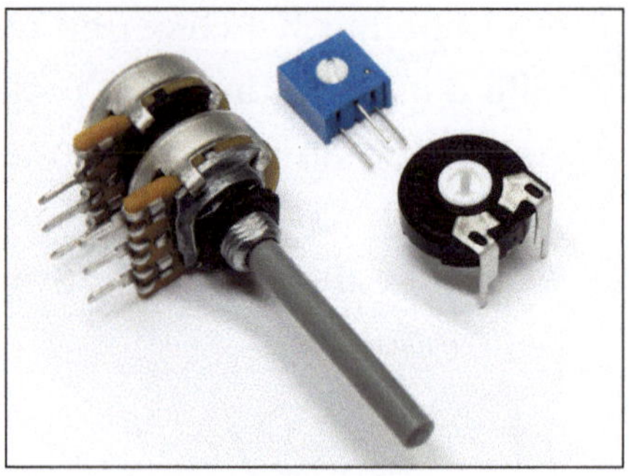

Bild 2: Einstellbare Widerstände

Was unterscheidet Widerstände?

Widerstände als Bauelemente unterscheidet man in erster Linie nach dem **Widerstandswert** in Ω. Er kann üblicherweise von 0,1 Ω bis 10 MΩ reichen.

Es gibt zwei Gruppen von Widerständen: **Festwiderstände** und **einstellbare Widerstände (Potenziometer)**. Wenn man an einem Drehknopf eine Lautstärke einstellt, dreht man beispielsweise an einem einstellbaren Widerstand.

Was man auf den ersten Blick erkennen kann, ist die **Belastbarkeit**. Jeder Widerstand erzeugt Wärme, wenn er von Strom durchflossen wird. Kleinere Widerstände werden schneller heiß als größere. Die Belastbarkeit eines Widerstandes wird in Watt (W) angegeben.

Widerstände lassen sich nicht beliebig genau herstellen. Stattdessen wird zum Wert immer eine **Genauigkeit** angegeben, z. B. 100 Ω / 5%. Dies bedeutet, dass der Widerstandswert zwischen 95 und 105 Ω liegen kann.

Die E-Reihen

Da Widerstände nicht beliebig genau gefertigt werden können, stellt man sie mit ihren Werten mit Abstand zueinander her. Es gibt also nicht jeden beliebigen Widerstandswert zu kaufen. Widerstände sind stattdessen nur mit bestimmten Zahlenwerten zu bekommen. Die entprechenden Zahlen findet man in den **E-Reihen**.

Ein Beispiel: Es wird ein Widerstand von 450 Ω benötigt. Es stehen z. B. nur Zahlen aus der E6-Reihe zur Verfügung:

1,0 1,5 2,2

3,3 4,7 6,8

Dann kann man nur einen Wert von 470 Ω bekommen.

In der E6-Reihe gibt es 6 verschiedene Zahlen, in der E12-Reihe 12 verschiedene u.s.w. Es gibt insgesamt 7 Reihen von E6 bis E192. Die Reihen E6 bis E24 sind in der Tabelle rechts zu finden.

E6	E12	E24
1,0	1,0	1,0
		1,1
	1,2	1,2
		1,3
1,5	1,5	1,5
		1,6
	1,8	1,8
		2,0
2,2	2,2	2,2
		2,4
	2,7	2,7
		3,0
3,3	3,3	3,3
		3,6
	3,9	3,9
		4,3
4,7	4,7	4,7
		5,1
	5,6	5,6
		6,2
6,8	6,8	6,8
		7,5
	8,2	8,2
		9,1

Der Farbcode

Bei größeren Widerständen ist der Wert in Ω aufgedruckt. Bei den kleineren Exemplaren muss der Widerstandswert aus einer Abfolge von Ringen abgelesen werden.

Beim Ablesen kommt es darauf an, den Widerstand richtig herum zu halten. Der Ring für die Toleranz muss rechts sein. Er hat meistens einen größeren Abstand zu den anderen Ringen.

Bei besonders hochwertigen Widerständen mit hoher Genauigkeit findet man einen Farbcode mit fünf Ringen. Kein Problem, es gibt dann nicht nur zwei, sondern drei Ringe für die Ziffern.

Rechts findest Du ein Beispiel: Der Widerstand hat die Farbkombination Braun / Schwarz / Orange / Gold. Daraus ergibt sich ein Widerstandswert von 10 kΩ / 5%.

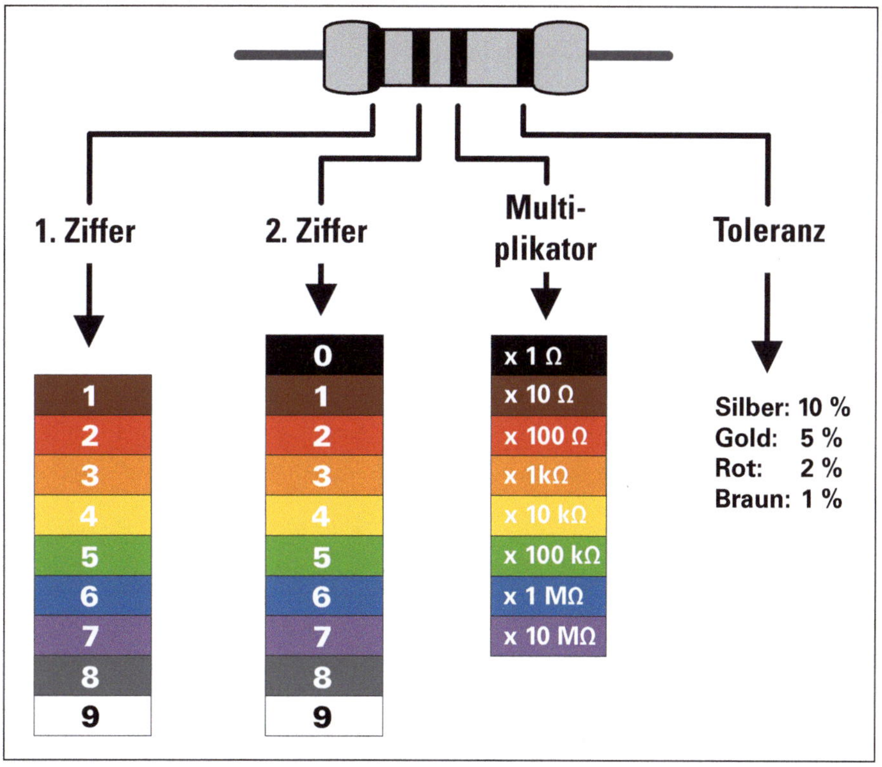

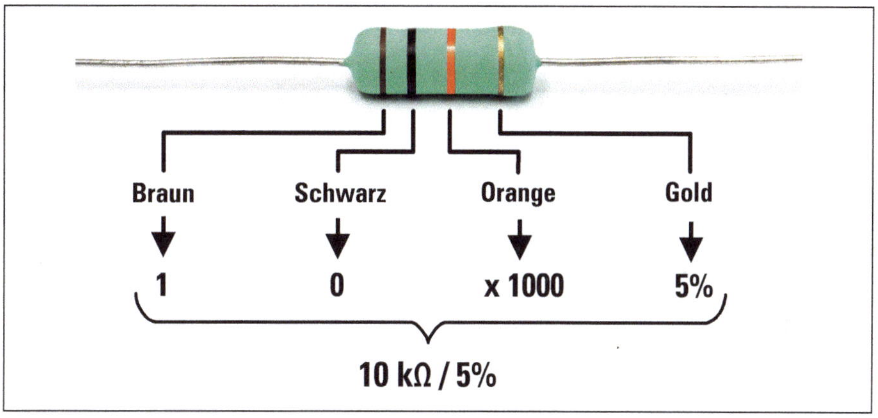

Widerstände von Leitungen

Widerstände von Leitungen sind immer unerwünscht. Jedoch sind sie meistens (außer bei sehr langen Leitungen) so klein, dass man sie selten genau ausrechnen muss. Für Leitungen nimmt man gut leitfähige Metalle. Es gibt aber Unterschiede. Wie gut ein Metall leitet, findet man durch den **spezifischen Widerstand** heraus. Je kleiner der spezifische Widerstand, desto besser leitet das Metall. Diesen Wert kann man in Tabellenbüchern oder in Internet nachschauen. Der Formelbuchstabe für den spezifischen Widerstand ist das griechische ρ (*Rho*). Für Kupfer gilt:

$$\rho = 0{,}0178 \frac{\Omega \cdot mm^2}{m}$$

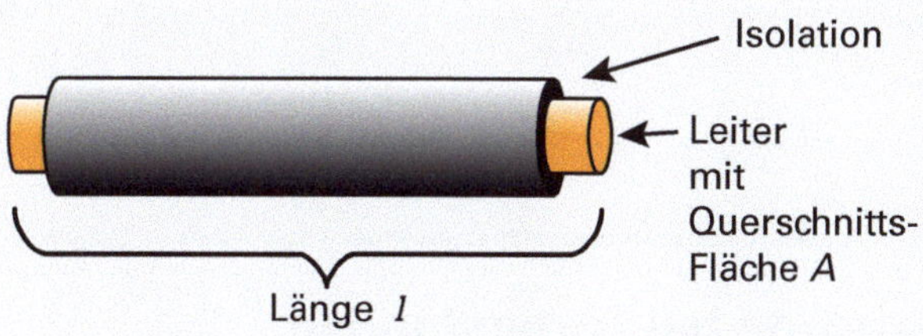

Die seltsame Einheit wird benötigt, damit man beim Rechnen alle Einheiten wegkürzen kann und *Ω* übrigbleibt.

Der Widerstand eines Leiters ist von seiner **Länge *l***, von seiner **Querschnittsfläche *A*** und natürlich von seinem spezifischen Widerstand abhängig. Je länger der Leiter, desto höher sein Widerstand. Je größer die Querschnittsfläche, desto kleiner sein Widerstand. Zur Berechnung des Widerstandes eines Leiters gilt folgende Formel:

$$R = \frac{\rho \cdot l}{A}$$

Ein Beispiel für eine Rechnung mit dieser Formel:

Eine typische Verlängerungsleitung auf einer Kabeltrommel ist 50 m lang (mit Hin- und Rückleiter) und hat einen Querschnitt von 1,5 mm². Wie hoch ist der Widerstand dieser Leitung?

$$R = \frac{\rho \cdot l}{A} = \frac{0{,}0178 \frac{\Omega \cdot \cancel{mm^2}}{\cancel{m}} \cdot 50 \cancel{m}}{1{,}5 \cancel{mm^2}}$$

$$= 0{,}5933\ \Omega$$

Einteilung von Widerständen

Bearbeitet am: ____________

Schreibe auf, nach welchen Kriterien sich Widerstände voneinander unterscheiden. Schreibe auch auf, welche physikalische Einheit (falls möglich) zu den Merkmalen dazugehört oder wie/woran man das Merkmal sehen kann.

Farbcode bei Widerständen

Bearbeitet am: ____________

Hier siehst Du einen Widerstand mit 5 Ringen. Die Vorgehensweise ist wie bei 4-Ring-Widerständen. Erst kommen drei Ziffern, dann der Multiplikator als vierter Ring, dann die Toleranz. Finde den Wert des Widerstandes heraus!

Farbcode bei Widerständen

Bearbeitet am: ____________

Schreibe den Farbcode für den folgenden Widerstandswert auf:
220 kΩ / 5%

Toleranzen

Bearbeitet am: ____________________

Widerstände können nicht beliebig genau hergestellt werden. Daher gibt man immer die Genauigkeit in % an. Zur Erinnerung an die Prozentrechnung: 1 % von irgendwas ist immer ein Hundertstel von irgendwas. 5 % sind dann fünf Hundertstel. Beispielsweise hätte dann 5 % von 200 das Ergebnis 10. Die Rechnung sähe so aus:

$$\frac{200}{100\,\%} \cdot 5\,\% = 10$$

Rechne aus, welche möglichen Werte (von – bis) die folgenden Widerstände haben können:

100 Ω / 10 %	....	**680 Ω / 5 %**	....
4,7 kΩ / 10 %	....	**100 Ω / 0,5 %**	....
120 kΩ / 1 %	....	**0,8 Ω / 20 %**	....

E-Reihen

Bearbeitet am: ____________________

Stell Dir vor, Du arbeitest in einem Unternehmen, das elektronische Schaltungen herstellt. Dabei entstehen in der Entwicklungsabteilung Schaltpläne. Die Widerstandswerte in den Schaltplänen müssen nun eingekauft werden. Deine Aufgabe ist es, passende Widerstände aus den E-Reihen für Widerstandswerte auszusuchen.
Suche zu den angegebenen Widerstandswerten möglichst gut passende Werte aus den jeweiligen E-Reihen heraus. Die E-Reihen findest Du auf der Infoseite „Widerstände als Bauelemente".

Reihe E 6		**Reihe E 24**	
2,153 kΩ	....	74 Ω	....
6253 Ω	....	973 Ω	....
17 Ω	....	4803 Ω	....
5,1 Ω	....	4956 Ω	....
241 kΩ	....	0,23 Ω	....

Video: Georg Simon Ohm

Bearbeitet am: ____________________

Schau Dir das Video ***Georg Simon Ohm und der elektrische Widerstand*** auf Youtube (15 Min.) an. Beantworte dabei folgende Fragen: a) Was hat man über Strom und Spannung geglaubt, bevor Georg Simon Ohm das ohmsche Gesetz entdeckte? b) Was war Ohms Problem zu Beginn, das seine Experimente scheitern ließ? c) Wann wurden die Einheiten für die Elektrizität festgelegt?

Leitungswiderstand berechnen

Bearbeitet am: ____________________

Eine Lautsprecherleitung ist 8 m lang und hat einen Querschnitt von 2,5 mm^2. Sie ist 2-adrig, hat also eine Hin- und eine Rückleitung. Berechne den Widerstand der Leitung! (Hinweis: Wie fast alle Leitungen ist auch diese aus Kupfer).

Widerstand vor oder hinter der Lampe?

Bearbeitet am: ____________________

Die Fahrradlampe eines Freundes leuchtet zu hell. Du machst den Vorschlag, einen Widerstand in Reihe zur Lampe anzuschließen, um etwas Spannung wegzunehmen. Dein Freund fragt Dich, ob der Widerstand „vor oder hinter der Lampe" angeschlossen werden muss. Was antwortest Du?

Video: 3000 Ampere in Aktion

Bearbeitet am: ____________________

Schau Dir das Video ***3000 Ampere Hochstromtrafo in Aktion*** bei Youtube (2 Min.) an. Beantworte folgende Frage: Warum glüht der Draht und warum glühen nicht die Zuleitungen zum Draht?

Wert, Toleranz und was noch?

Bearbeitet am: ____________________

Widerstände unterscheiden sich durch ihren Wert und ihre Toleranz. Es gibt aber noch eine andere Angabe, die man beachten muss, wenn man Widerstände einkauft. Welche davon ist die wichtigste? Was bedeutet die Einheit? Gib ein Beispiel für einen verbreiteten Wert.

Unbekannter Widerstand

Bearbeitet am: ____________________

Was ist das hier für eine Art von Widerstand? Wie ist die Bezeichnung? Wo findet man ihn an Geräten?

E-Reihen

Bearbeitet am: ____________

In der nachfolgenden Tabelle findest Du drei E-Reihen. Du erkennst, dass in einigen Bereichen die Zahlenwerte fehlen. Finde die passenden Werte und trage sie in die Tabelle ein.

<table>
<tr><th>E6</th><th>E12</th><th>E24</th></tr>
<tr><td rowspan="4">1,0</td><td rowspan="2">1,0</td><td>1,0</td></tr>
<tr><td></td></tr>
<tr><td rowspan="2"></td><td>1,2</td></tr>
<tr><td>1,3</td></tr>
<tr><td rowspan="4"></td><td rowspan="2">1,5</td><td></td></tr>
<tr><td>1,6</td></tr>
<tr><td rowspan="2">1,8</td><td></td></tr>
<tr><td>2,0</td></tr>
<tr><td rowspan="4">2,2</td><td rowspan="2"></td><td>2,2</td></tr>
<tr><td></td></tr>
<tr><td rowspan="2">2,7</td><td>2,7</td></tr>
<tr><td>3,0</td></tr>
<tr><td rowspan="4">3,3</td><td rowspan="2"></td><td></td></tr>
<tr><td>3,6</td></tr>
<tr><td rowspan="2">3,9</td><td>3,9</td></tr>
<tr><td></td></tr>
<tr><td rowspan="4"></td><td rowspan="2"></td><td></td></tr>
<tr><td>5,1</td></tr>
<tr><td rowspan="2">5,6</td><td></td></tr>
<tr><td>6,2</td></tr>
<tr><td rowspan="4"></td><td rowspan="2"></td><td></td></tr>
<tr><td>7,5</td></tr>
<tr><td rowspan="2"></td><td></td></tr>
<tr><td>9,1</td></tr>
</table>

Ein Widerstandssortiment zusammenstellen

Bearbeitet am: ____________________

Bei diesem Auftrag bist Du in einem mittelständischen Unternehmen beschäftigt, das Reparaturen an Haushaltsgeräten durchführt. Du hast den Auftrag bekommen, für die Werkstatt ein Sortiment von Widerständen zu beschaffen.
Es sollen die Werte von 1 Ω bis 1 MΩ enthalten sein, und zwar aus der E24-Reihe.
Von jedem Wert sollen 50 Widerstände eingekauft werden.

Zur Aufbewahrung der Widerstände sollen eine oder mehrere Sortimentskästen verwendet werden, die man in Fachgeschäften kaufen kann.
Diese Sortimentskästen sind mit kleinen Kunstoffboxen versehen, die man variabel anordnen kann.

Finde heraus, wie viele der kleinen Boxen vorhanden sein müssen, um die verschiedenen Widerstandswerte aus der E24-Reihe unterzubringen. Finde auch heraus, wie viele Widerstände insgesamt gekauft werden müssen.
Ein Tipp zur Vorgehensweise: In der E24-Reihe finden sich z. B. von 100 Ω bis 910 Ω genau 24 Werte. Stelle Dir zur Lösung der Aufgabe vor, die kleinen Boxen im Sortimentskasten sind in Reihen (also waagerecht) und Spalten (also senkrecht) angeordnet. Du musst nun überlegen, wie viele Reihen und Spalten vorhanden sein müssen.

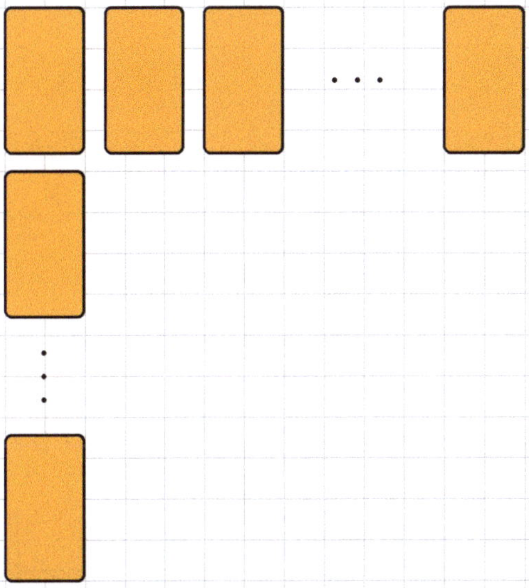

[vel.plus/EB08]

Kreuze die richtigen Kästchen an

Bearbeitet am: ____________

	Richtig	Falsch
Erhöht man den Strom durch einen gleichbleibenden Widerstand, so sinkt die Spannung.	☐	☐
Soll die Stromstärke konstant bleiben, so muss bei einer Spannungserhöhung der Widerstand ebenfalls erhöht werden.	☐	☐
Halbiert sich der Widerstand (bei gleicher Spannung), so halbiert sich auch der Strom.	☐	☐
Verdoppelt sich die Spannung (bei gleichbleibendem Strom) so muss sich der Widerstand auch verdoppelt haben.	☐	☐
Je kleiner der Widerstand, desto kleiner wird die Spannung (wenn man den Strom beibehält).	☐	☐

Ohmsches Gesetz mit kleinen Werten

Bearbeitet am: ____________

Ein Strom von 0,0003 A fließt durch einen Widerstand von 950 mΩ. Berechne die Spannung. Ein Tipp: Das Rechnen mit Größeneinheiten ist auf „Größen und Einheiten" ab Seite 14 erklärt.

Ungenauigkeiten beim Messen

Bearbeitet am: ____________

Bei einem Experiment zur Überprüfung des ohmschen Gesetzes sind folgende Messwerte aufgenommen worden. Das dazu verwendete Multimeter hatte eine Messungenauigkeit von 0,1 %. Bei welchen Messwerten hat der Schüler offensichtlich einen Fehler gemacht?

U in V	1	1,5	2	2,5	3	3,5	4	4,5	5
I in mA	2,12	3,12	4,24	3,51	6,37	7,45	9,05	9,57	10,62

....

Praktische Übung: Messungen an einem Widerstand

Bearbeitet am: ____________________

Bei dieser Aufgabe sollst Du Übung im Messen von Strom und Spannung und im Umgang mit den Messleitungen bekommen.

1. Baue einen Stromkreis mit einer Batterie und einem 100 Ω-Widerstand zusammen. Bild 1 zeigt, wie es aussehen kann. Du musst nicht unbedingt rote oder schwarze Messleitungen verwenden, andere Farben tun es auch. Bringe das Multimeter in die Betriebsart *Spannungsmessung Gleichstrom*. Messe die Spannung an der Batterie. Schreibe sie unten auf. Klemme die Batterie ab.

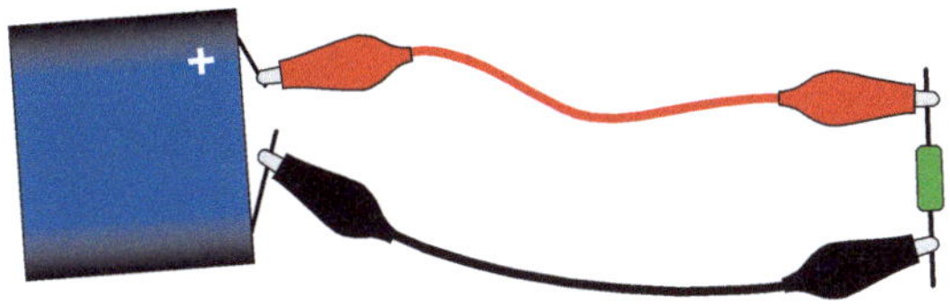

Bild 1

2. Bringe das Multimeter in die Betriebsart *Strommessung*. Baue den Stromkreis für eine Strommessung auf. Bild 2 zeigt, wie es aussehen könnte. Miss den Strom und schreibe den Messwert unten auf.

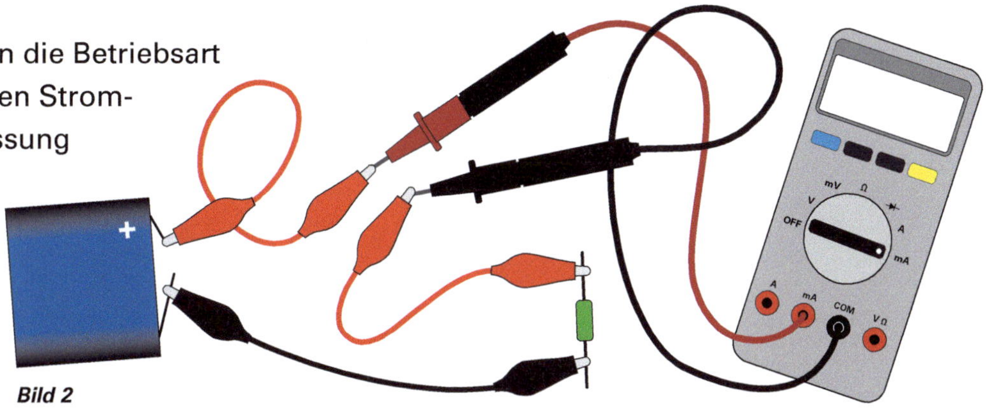

Bild 2

3. Zeichne einen Schaltplan, der den Stromkreis mit Batterie und Widerstand sowie mit einem Spannungsmesser und einem Strommesser zeigt. Berechne anschließend den genauen Wert des Widerstandes aus den Messergebnissen für Strom und Spannung.

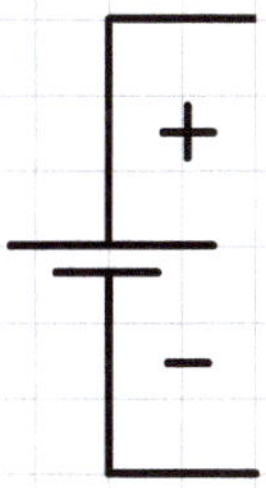

$U =$

$I =$

Das brauchst Du:

1 Batterie

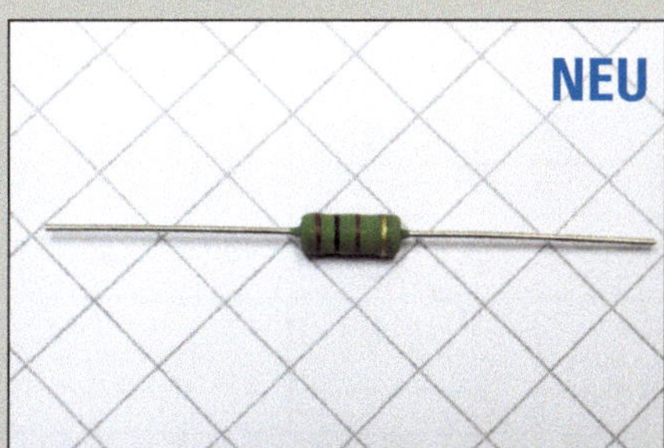

1 Widerstand 100 Ω/2W
Suchbegriff:
„Widerstand 100 Ω 2W Metalloxyd"
Kosten: c.a. 10 bis 15 ct/Stück

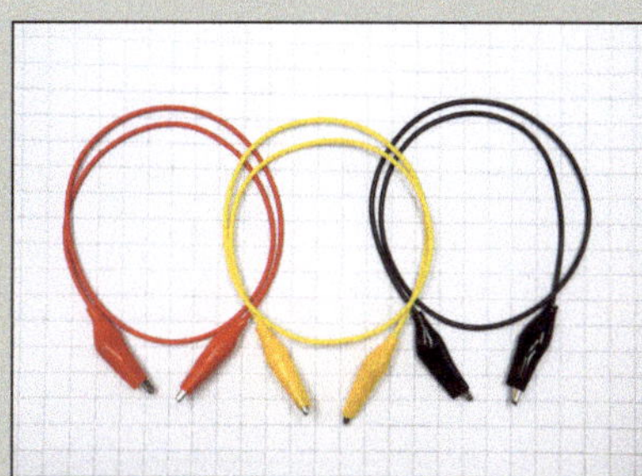

3 Messleitungen

Heizwiderstände wickeln

Bearbeitet am: ____________

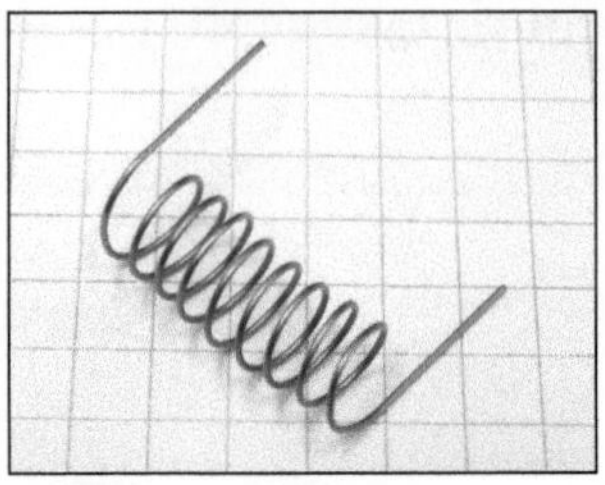

Du bekommst von Deinem Chef den Auftrag, für ein chemisches Labor einen Heizwiderstand von etwa 1 Ω zu wickeln. Dazu sollst Du Dir einen speziellen Widerstandsdraht heraussuchen. Zum Wickeln bekommst Du einen Holzstab von 10 mm Durchmesser (der Stab ist nur ein Hilfsmittel, der Draht wird nach dem Aufwickeln heruntergeschoben). Suche Dir im Internet passende Drahtarten und schätze die Anzahl der Windungen ab.

Tabelle mit Leitungswiderständen

Bearbeitet am: ____________

Hin- und wieder kann es nützlich sein, wenn man schnell einen Leitungswiderstand schätzen kann, ohne den Taschenrechner auspacken zu müssen. In der folgenden Tabelle sind die wichtigsten Leitungsquerschnitte und einige übliche Leitungslängen zu finden. Rechne die Werte für die Leitungswiderstände aus und trage sie in die Tabelle ein. Das Material ist Kupfer. Ein Tipp: An einigen Stellen kannst Du Dir viel Rechenarbeit sparen.

	$1\ mm^2$	$2{,}5\ mm^2$	$4\ mm^2$
1 m			
5 m			
10 m			
50 m			
100 m			

Lernsituation: Unbekannte Kabeltrommel

Bearbeitet am: ____________________

Für eine Gartenparty wird eine Verlängerungsleitung benötigt. Eine Kabeltrommel mit einer aufgewickelten Leitung steht zur Verfügung. Niemand weiß jedoch, wie lang die Leitung ist.
Du weißt aber, dass jede Leitung einen Leitungswiderstand hat, den man messen kann. Wie immer hast Du Dein Multimeter dabei. Entwickle eine Vorgehensweise, mit der durch den Leitungswiderstand die Länge der Leitung ermittelt werden kann!

1. Finde heraus, welchen Querschnitt die Leitung hat. Die einzige Information, die Dir zur Verfügung steht, ist die Bezeichnung der Leitung, sie ist in die Isolation eingeprägt: **NYM-J 3 x1,5**. Du hast sicher schon eine Vermutung – vergewissere Dich mithilfe des Internets oder eines elektrotechnischen Tabellenbuchs.

2. Du kennst jetzt den Querschnitt. Die Leitung hat drei Adern. Stelle eine Überlegung an, wie Du Dein Multimeter einstellst und an welchen Stellen Du messen musst. Schreibe Deine Vorgehensweise auf.

3. Vielleicht hat Dein Lehrer Dir eine echte Kabeltrommel zum Messen gegeben? Falls nicht: Wir nehmen an, Du hättest einen Wert von 0,61 Ω gemessen. Du kannst die Formel für den Leitungswiderstand nach der Länge umstellen und rechnen. Du kannst aber auch nachschauen, welche Längen es überhaupt zu kaufen gibt und schauen, bei welcher Länge der Messwert gut passt. Dabei brauchst Du die Formel nicht umzustellen.

Die Parallelschaltung von Widerständen

Parallelgeschaltete Verbraucher bilden die Grundlage unseres Energieversorgungsnetzes. Daher ist es wichtig, zu wissen, wie sich die Parallelschaltung verhält und welche Formeln für die Berechnung gelten.

Schau Dir Bild 1 an: In der Schaltung ganz links ist ein Widerstand an eine Spannungsquelle angeschlossen. Nach dem ohmschen Gesetz fließt ein Strom von 6 A. Nun kommt ein Widerstand in Parallelschaltung hinzu. Er ist kleiner als der erste Widerstand. Der Gesamtstrom steigt stark auf 30 A an, da nun ein zweiter Stromweg zur Verfügung steht und der zweite Widerstand wie der erste direkt an der Spannungsquelle angeschlossen ist.

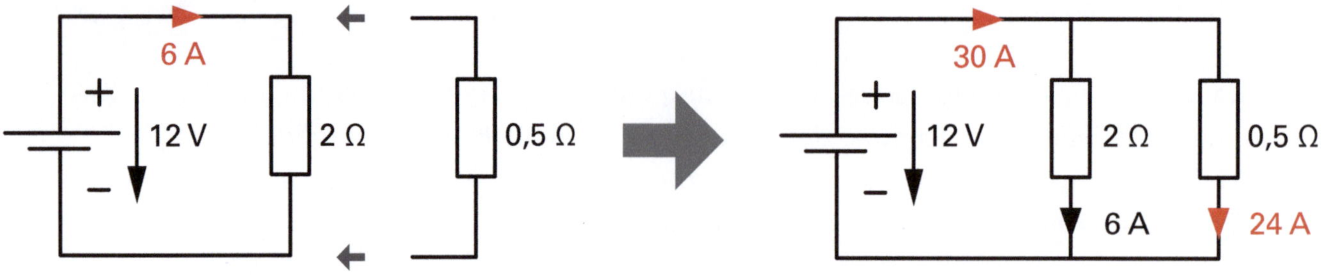

***Bild 1:** Bei der Parallelschaltung fließt mit jedem hinzukommenden Widerstand mehr Strom*

Durch die Parallelschaltung eines zweiten Widerstandes ist der Stromfluss angestiegen. Mit jedem weiteren parallelen Widerstand würde der Stromfluss weiter steigen. Doch welcher Widerstand wirkt nun insgesamt auf die Spannungsquelle? Mit 12 V und 30 A erhalten wir einen Wert von 0,4 Ω (Bild 2). Wir können also einen Gesamtwiderstand ausrechnen, der die beiden einzelnen Widerstände ersetzen kann. Dieser Gesamtwiderstand ist immer kleiner als der kleinste Einzelwiderstand.

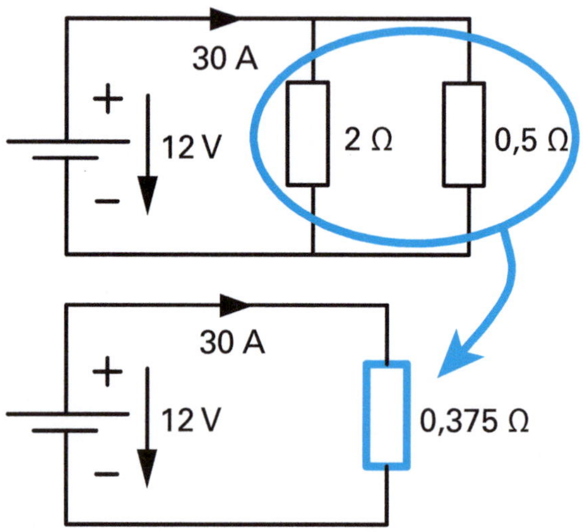

***Bild 2:** Ein neuer Widerstand ersetzt die beiden*

Bei der Parallelschaltung ist der Gesamtwiderstand kleiner als der kleinste Einzelwiderstand.

Berechnungsformeln für die Parallelschaltung

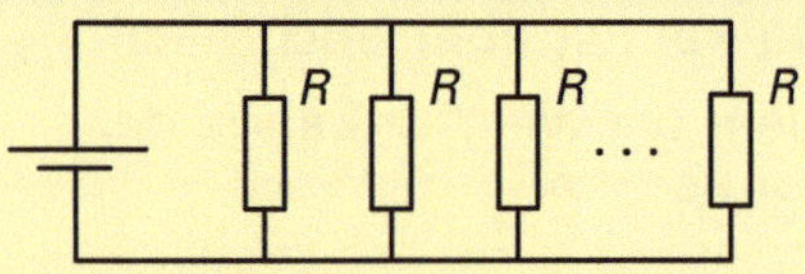	***Alle n Widerstände gleich groß***	$R_{Gesamt} = \frac{R}{n}$
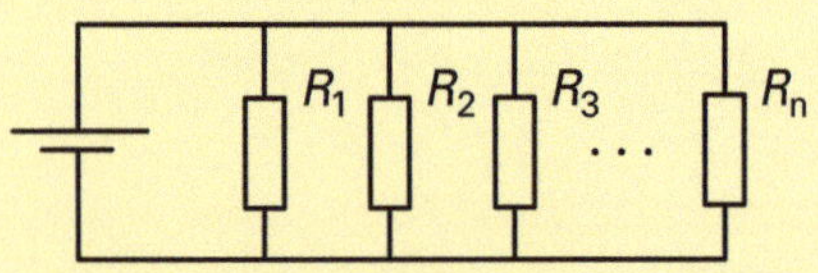	***Alle n Widerstände unterschiedlich groß***	$\frac{1}{R_{Gesamt}} = \frac{1}{R_1} + \frac{1}{R_2} + \frac{1}{R_3} + \ldots + \frac{1}{R_n}$
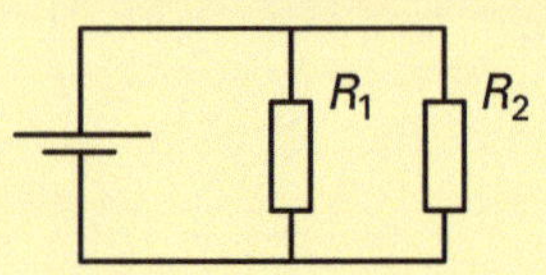	***Zwei verschiedene Widerstände***	$R_{Gesamt} = \frac{R_1 \cdot R_2}{R_1 + R_2}$
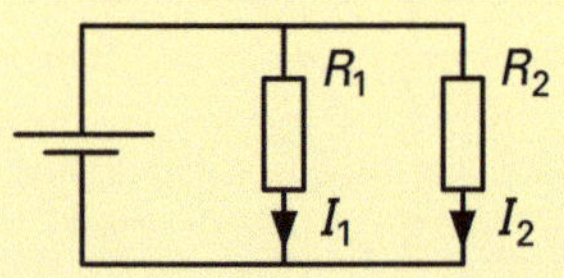	***Stromteilerregel***	$\frac{I_1}{I_2} = \frac{R_2}{R_1}$

Die Reihenschaltung von Widerständen

Die Reihenschaltung ist einfacher zu berechnen als die Parallelschaltung. Hier addieren sich die Widerstände zum Gesamtwiderstand. Die Berechnung der Teilspannungen kann aber schwierig sein.

Schau Dir Bild 3 an: Ein Widerstand ist an eine Spannungsquelle angeschlossen. Nach dem ohmschen Gesetz fließt ein Strom von 6 A. Nun kommt ein Widerstand in Reihe hinzu. Anders als bei der Parallelschaltung sinkt der Strom ab. Mit jedem weiteren Widerstand würde der Stromfluss weiter absinken.

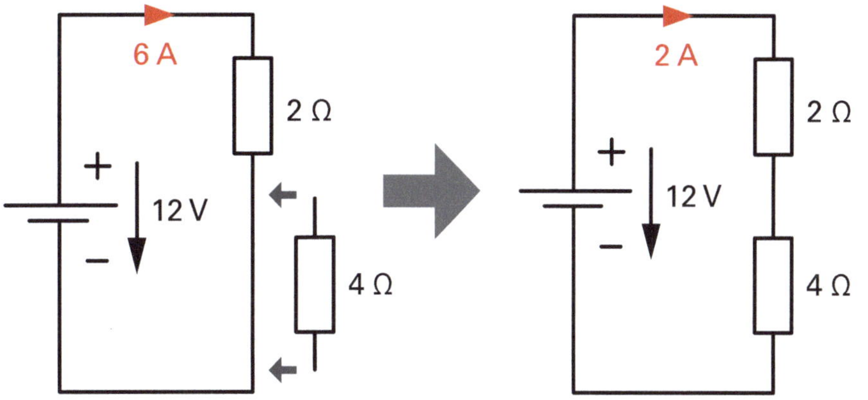

Bild 3: Kommt ein Widerstand bei der Reihenschaltung hinzu, sinkt der Strom

Auch hier fragen wir uns, welcher Widerstand insgesamt wirkt. Mit den neuen Werten für Strom und Spannung erhalten wir einen Wert von 6 Ω für den neuen Widerstand. Er ist größer als jeder der beiden Einzelwiderstände.

Damit ist auch klar, dass sich die Reihenschaltung einfacher berechnen lässt als die Parallelschaltung: Der Gesamtwiderstand ist die Summe der Einzelwiderstände.

Der Strom ist überall gleich. Daher ergeben sich durch das ohmsche Gesetz zahlreiche Formeln zur Berechnung von Spannungen und Widerständen.

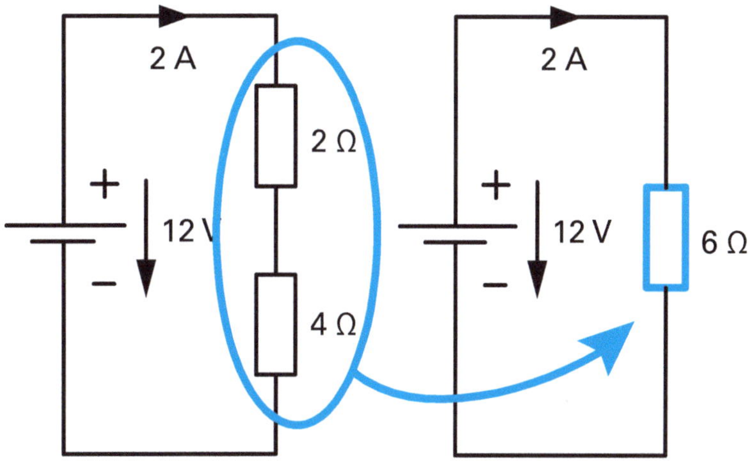

Bild 4: Der resultierende Widerstand ist die Summe

Bei der Reihenschaltung ist der Gesamtwiderstand größer als der größte Einzelwiderstand.

Berechnungsformeln für die Reihenschaltung

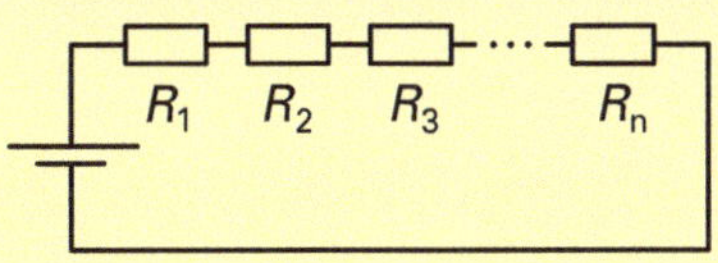	*Alle n Widerstände unterschiedlich groß*	$R_{Gesamt} = R_1 + R_2 + R_3 + \ldots + R_n$
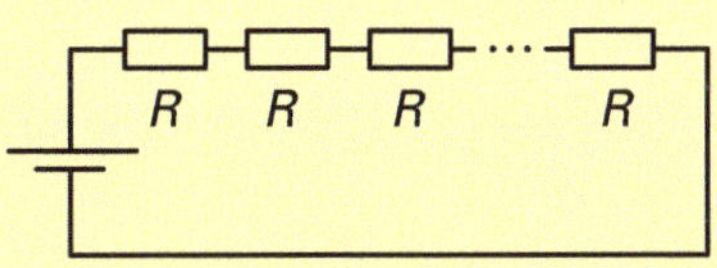	*Alle n Widerstände gleich groß*	$R_{Gesamt} = n \cdot R$
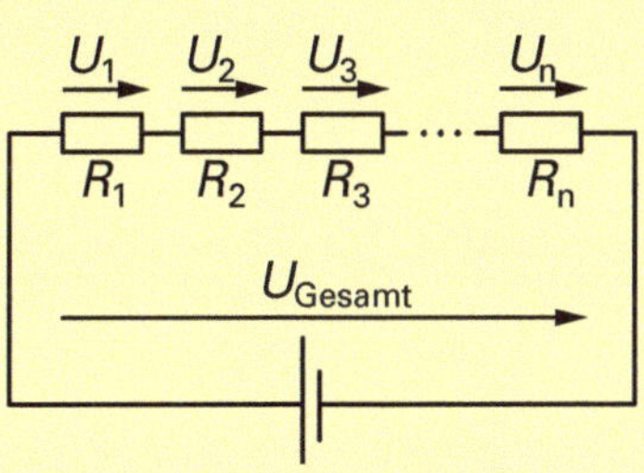	*Verhältnis Widerstände zu Spannungen*	$\frac{U_1}{R_1} = \frac{U_2}{R_2}, \quad \frac{U_1}{R_1} = \frac{U_3}{R_3}$ usw.
		$\frac{U_1}{R_1} = \frac{U_{Gesamt}}{R_{Gesamt}}, \quad \frac{U_2}{R_2} = \frac{U_{Gesamt}}{R_{Gesamt}}$ usw.

Zwei Widerstände parallel

Bearbeitet am: ____________________

Zwei Widerstände mit $R_1 = 1\ \Omega$ und $R_2 = 3\ \Omega$ sind parallel geschaltet.

a) Schätze den Gesamtwiderstand ohne eine Rechnung.

b) Berechne den Gesamtwiderstand genau.

Zwei Widerstände in Reihe

Bearbeitet am: ____________________

Zwei Widerstände sind in Reihe geschaltet. Der Gesamtwiderstand R_{Gesamt} beträgt 2,5 Ω. Der Einzelwiderstand R_1 hat einen Wert von 0,7 Ω. Berechne den Wert des Einzelwiderstands R_2 .

Wie viele Teile für eine Parallelschaltung?

Bearbeitet am: ____________________

Ein Widerstand von 100 Ω soll in einzelne Widerstände mit gleichem Wert geteilt werden. Diese Widerstände sollen parallel geschaltet einen Gesamtwiderstand von 1 Ω ergeben. In wie viele Teile muss der Widerstand geteilt werden?

[vel.plus/EB09]

Gesamtwiderstand parallel

Bearbeitet am: ____________________

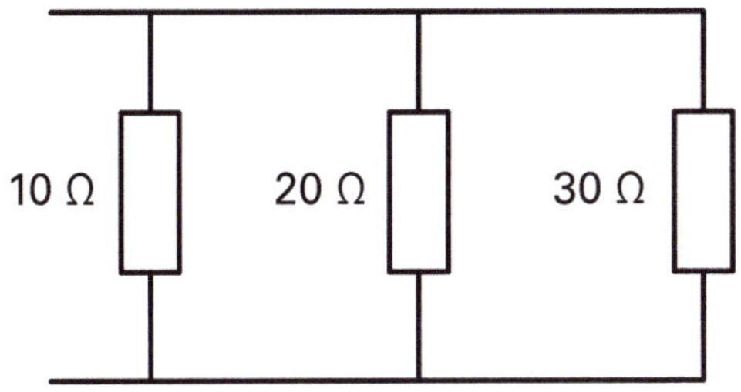

Berechne den Gesamtwiderstand der nebenstehenden Parallelschaltung von Widerständen. Du brauchst dafür die Formel für die Parallelschaltung mehrerer unterschiedlicher Widerstände. Beachte dabei, dass auf der linken Seite der Formel nicht R_{Gesamt}, sondern $1/R_{Gesamt}$ steht! Nachdem Du die rechte Seite der Formel ausgerechnet hast, musst Du also nochmal auf die 1/X-Taste Deines Taschenrechners drücken, um R_{Gesamt} auszurechnen.

Parallel circuit with switch

Bearbeitet am: ____________________

Calculate the current intensity I with open switch and with closed switch.

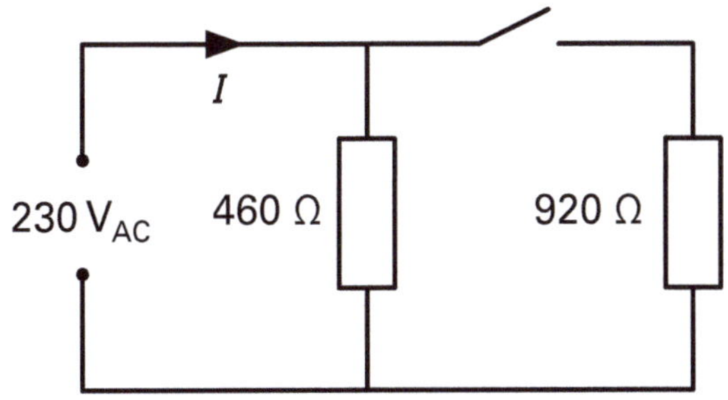

circuit – Schaltung
current – Strom
intensity – Stärke
switch – Schalter
closed – geschlossen
open – offen

Gemischte Schaltung aus Widerständen

Bearbeitet am: ____________

Ein Gerät muss repariert werden. Dazu wird dringend ein Widerstand mit genau 6 Ω gebraucht. In der Bastelkiste liegen aber nur noch drei 4-Ω-Widerstände. Wie kann man sie zusammenschalten, um genau 6 Ω zu erhalten?

Schnelles Schätzen

Bearbeitet am: ____________

Bei dieser Aufgabe sollst Du Deinen Nachbarn kontrollieren, dass er keinen Taschenrechner verwendet und nicht länger als 30 Sekunden für die Lösung braucht. Er wird dasselbe bei Dir tun.

Kreuze die richtige Lösung für den Gesamtwiderstand an:

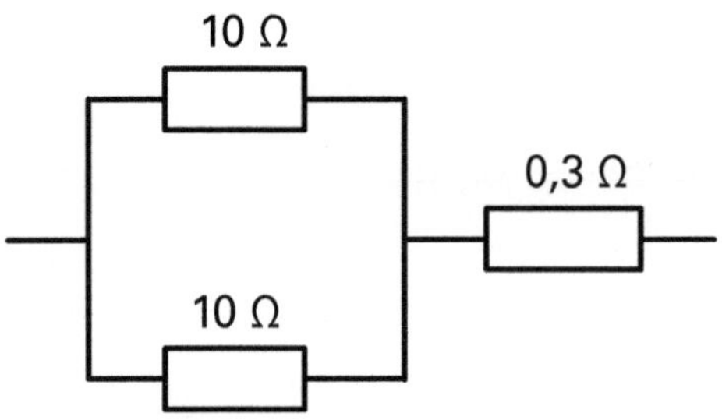

- 20,3 Ω ☐
- 0,31 Ω ☐
- 5,3 Ω ☐
- 25,3 Ω ☐

Vorwiderstand schaltbar

Bearbeitet am: ____________

Ein Glühlämpchen ist an eine Batterie angeschlossen. Mit einem Schalter und einem Vorwiderstand soll es ganz hell oder weniger hell geschaltet werden können. Zeichne einen Schaltplan.

Lernsituation: Messbereichserweiterung

Bearbeitet am: ____________________

Dein Kollege braucht ein Strommessgerät, mit dem er bis 50 A messen kann. So etwas gibt es aber nicht in Eurer Werkstatt. Das einzige verfügbare Strommessgerät kann maximal 1 A messen und hat einen Widerstand von 0,5 Ω. Dein Kollege meint, da müsse man „den Messbereich erweitern“. Er findet, dass es eine gute Idee ist, wenn Du diese Aufgabe übernimmst. Damit es nicht zu schwierig wird, hat er Dir einen Schaltplan gezeichnet:

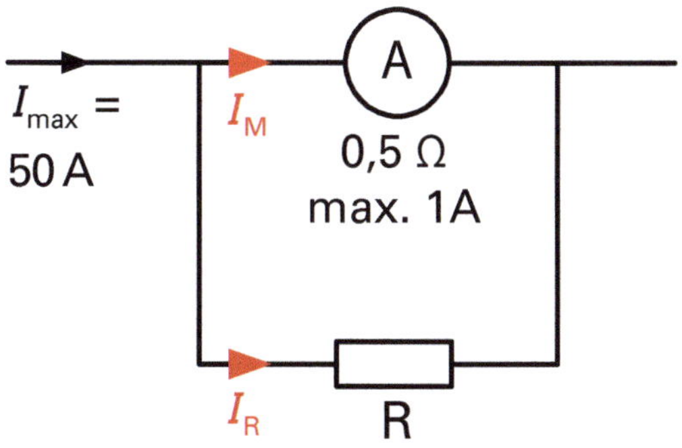

Eine Messbereichserweiterung funktioniert so: Der große Strom (hier max. 50 A), der gemesssen werden soll, teilt sich auf. Der größere der beiden Teilströme I_R fließt durch einen Widerstand, der parallel am Messgerät angeschlossen ist. Der kleinere Strom I_M (hier max. 1 A) fließt durch das Messgerät selbst. So genügt ein schwaches Messgerät zum Messen eines starken Stroms.

Es muss also ein Widerstand R parallel zum Messgerät geschaltet werden. Damit der meiste Strom am Messgerät vorbei fließt, muss der parallele Widerstand viel kleiner sein als der Widerstand des Messgerätes. Er muss also hier viel kleiner sein als 0,5 Ω. Zum Berechnen des Widerstandes musst Du zuerst mithilfe der Knotenregel den maximalen Strom durch den Widerstand ausrechnen. Die Knotenregel findest Du auf Seite 65 unten.

Die beiden Teilströme sind nun bekannt. Von beiden parallelgeschalteten Widerständen ist nur einer bekannt, der andere ist gesucht. Das ist eine typische Aufgabe, die mit der Stromteilerregel gelöst werden kann. Die Stromteilerregel findest Du in „Die Parallelschaltung von Widerständen“ auf Seite 112.

Praktische Übung: Ohmsches Gesetz überprüfen

Bearbeitet am: ____________________

Wirklich überprüfen müssen wir das ohmsche Gesetz nicht, das dürfte klar sein. Es geht darum, dass Du Erfahrung bekommst im Messen und im Zeichnen von Funktionsverläufen und mit dem ohmschen Gesetz lässt sich das gut üben.

Du sollst mithilfe der Reihenschaltung von einer bis drei Batterien den Strom durch einen 100-Ω-Widerstand bei verschiedenen Spannungen messen. Erinnere Dich: Du hast schon mal mit einer Reihenschaltung aus Batterien bei dem Experiment auf Seite 89 gearbeitet. Du solltest auch nochmal bei dem Versuch auf Seite 109 nachschauen, wie man mit den Messleitungen ein Multimeter zur Strommessung in Reihe anschließt. Lies Dir die gesamte Aufgabenstellung einmal durch, bevor es losgeht. Wenn Du irgendwo unsicher bist, frage Deinen Lehrer.

1. Baue einen Stromkreis mit einer Batterie und dem Widerstand zusammen. Bringe das Multimeter in die Betriebsart *Spannungsmessung Gleichstrom*. Miss die Spannung am Widerstand und schreibe den Wert in die Spalte „Eine Batterie" der Tabelle. Baue den Stromkreis wieder auseinander.

2. Wechsle die Betriebsart des Multimeters in *Strommessung*. Baue den Stromkreis wieder zusammen, aber diesmal in einer Reihenschaltung mit dem Multimeter. Miss den Strom und schreibe den Wert in die Spalte „Eine Batterie" der Tabelle. Baue alles wieder auseinander.

3. Baue einen Stromkreis mit zwei Batterien in Reihe und dem Widerstand zusammen. Bringe das Multimeter in die Betriebsart *Spannungsmessung Gleichstrom*. Miss die Spannung am Widerstand und schreibe den Wert in die Spalte „Zwei Batterien" der Tabelle. Klemme die Batterie wieder ab, denn der Widerstand erwärmt sich und baue alles wieder auseinander.

4. Wechsle die Betriebsart des Multimeters in *Strommessung*. Baue den Stromkreis mit zwei Batterien in Reihe und dem Multimeter zur Strommessung in Reihe wieder zusammen. Miss den Strom und schreibe den Wert in die Spalte „Zwei Batterien" der Tabelle. Klemme die Batterie wieder ab, denn der Widerstand erwärmt sich und baue alles wieder auseinander.

5. Baue einen Stromkreis mit drei Batterien in Reihe und dem Widerstand zusammen. Bringe das Multimeter in die Betriebsart *Spannungsmessung Gleichstrom*. Miss die Spannung am Widerstand und schreibe den Wert in die Spalte „Drei Batterien" der Tabelle.
Klemme die Batterie schnell wieder ab, denn der Widerstand erwärmt sich schnell und baue alles wieder auseinander.

Das brauchst Du:

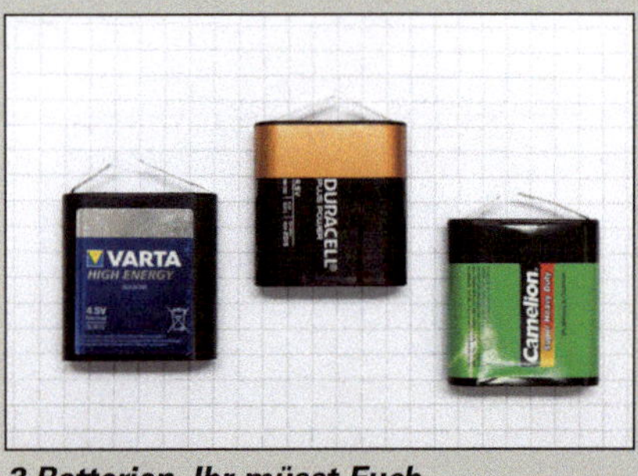

3 Batterien. Ihr müsst Euch als Gruppe zusammentun.

1 Widerstand 100 Ω/2W
Suchbegriff:
„Widerstand 100 Ω 2W Metalloxyd"
Kosten: c.a. 10 bis 15 ct/Stück

5 Messleitungen

6. Wechsle die Betriebsart des Multimeters in *Strommessung*. Baue den Stromkreis mit drei Batterien in Reihe und dem Multimeter zur Strommessung in Reihe wieder zusammen. Miss den Strom und schreibe den Wert in die Spalte „Drei Batterien“ der Tabelle. Klemme die Batterie schnell wieder ab, denn der Widerstand erwärmt sich schnell.

	Eine Batterie	**Zwei Batterien**	**Drei Batterien**
Spannung in V			
Strom in mA			

7. Überprüfe durch Rechnung, ob bei den drei Wertepaaren tatsächlich ein Widerstand von 100 Ω herauskommt.

Trage die drei Wertepaare in das Diagramm ein. Entspricht der Verlauf der Funktion eines ohmschen Widerstandes?

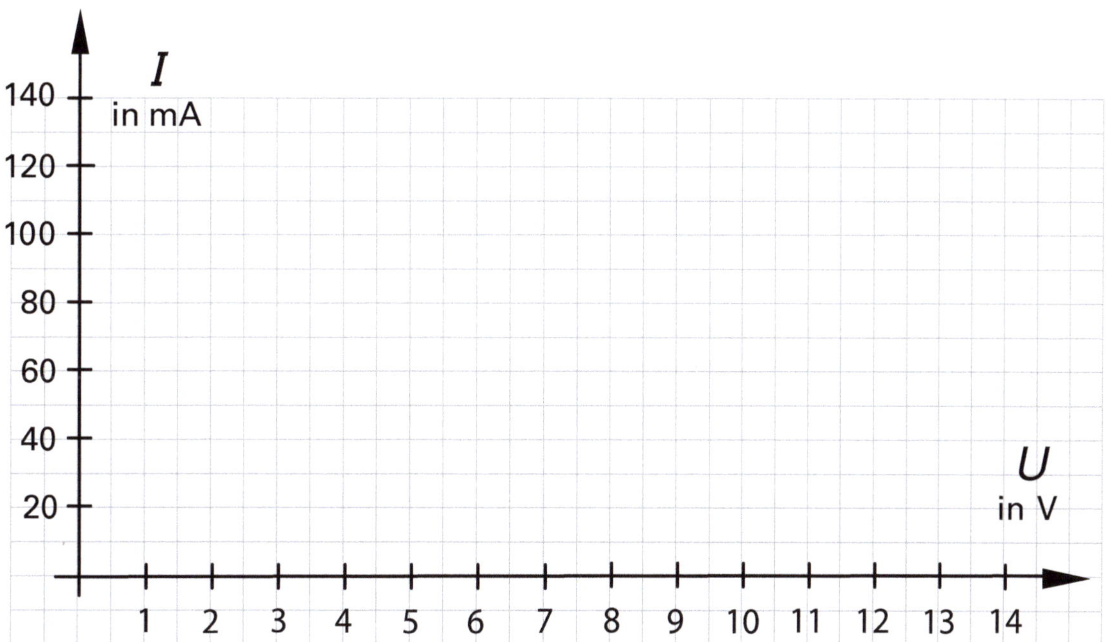

Lernsituation: Pkw-Fußraumbeleuchtung

Bearbeitet am: ____________________

Dein Kollege ist Tuning-Fan und möchte eine LED-Beleuchtung in den Fußraum seines Pkw einbauen. Er hat wenig Ahnung von Elektrotechnik und weiß nur, dass er die LED nicht direkt an die Batterie seines Pkw anschließen darf. Du schlägst vor, einen Vorwiderstand vor die LED zu schalten, da sie sonst an 12 V kaputt gehen würde. Jetzt musst Du **herausfinden, wie groß dieser Vorwiderstand** sein muss.

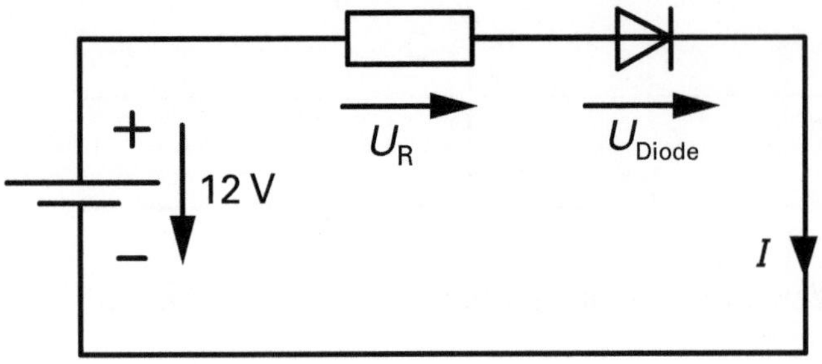

Schau Dir den Schaltplan an. Die Batterie im Pkw hat wie alle Pkw-Starterbatterien eine Spannung von etwa 12 V. Die LED muss richtig herum eingesetzt werden, da sie wie alle Dioden den Strom nur in eine Richtung durchlässt. Das kann man aber ausprobieren, durch eine Verpolung kann hier nichts kaputtgehen.

Spannung und Strom an LEDs müssen ungefähr den Werten entsprechen, die man in den Datenblättern der Hersteller findet. Das Datenblatt für die Leuchtdiode, die dein Kollege in einem Elektronikshop gekauft hat, findest Du auf der rechten Seite. Damit hast Du nun alle Informationen zusammen, die Du brauchst.

1. Schau in das Datenblatt auf Seite 121 und finde heraus, welche Spannung U_{Diode} an der Leuchtdiode abfallen darf und welcher Strom I hindurchfließen darf. Schreibe beide Größen auf. Achte dabei auf die Angabe „Forward", denn unsere LED wird natürlich nicht in Sperrrichtung („Reverse") betrieben. Angaben wie „Typ." oder „Test" sind meistens auch für die eigene Schaltung passend. Angaben wie „Max." oder „Absolute" sind Grenzwerte, die nicht überschritten werden dürfen.

2. Du hast die Spannung U_{Diode} ausgerechnet. Die Spannung an der Batterie ist auch bekannt. Nun fehlt Dir noch die dritte Spannung im Stromkreis – die Spannung U_R am Vorwiderstand. Dafür kannst Du die Maschenregel benutzen. Informationen zur Maschenregel findest Du in „Die Reihenschaltung von Widerständen" auf Seite 113.

3. Jetzt muss der Vorwiderstand berechnet werden. Strom und Spannung am Vorwiderstand hast Du bereits ausgerechnet. Rechne nun den Widerstandswert aus. Suche anschließend einen passenden Wert aus der E24-Reihe aus. Informationen zu E-Reihen findest Du in „Widerstände als Bauelemente" auf Seite 100.

Leuchtdioden

Leuchtdioden (kurz LED von englisch: *light-emitting diode*, dt. Licht-emittierende Diode, auch Lumineszenz-Diode) sind Halbleiterbauelemente, die Licht abstrahlen, wenn Strom hindurchfließt. Wie alle Dioden muss eine LED in Durchlassrichtung (der lange Pin an Plus) betrieben werden, wenn Strom fließen soll.

Die Farbe des Lichts hängt vom verwendeten Halbleitermaterial ab. Erfunden wurde die LED 1962. Die ersten LEDs waren rot oder grün, später kamen blaue und weiße LEDs hinzu.

Neben der Farbe werden LEDs auch durch ihre Lichtleistung unterschieden. Leistungsfähige LEDs werde heute in helle Taschenlampen und sogar in Autoscheinwerfer eingebaut.

Bei LEDs kommt es darauf an, den Strom nicht zu hoch werden zu lassen. Mit steigendem Strom steigt auch die Lichtleistung, jedoch sinkt die Lebensdauer durch die Erwärmung der LED. Daher sollte der tatsächliche Strom nach Aufbau der Schaltung gemessen werden. Er darf nicht über den im Datenblatt rechts angegebenen Grenzwert hinaus ansteigen.

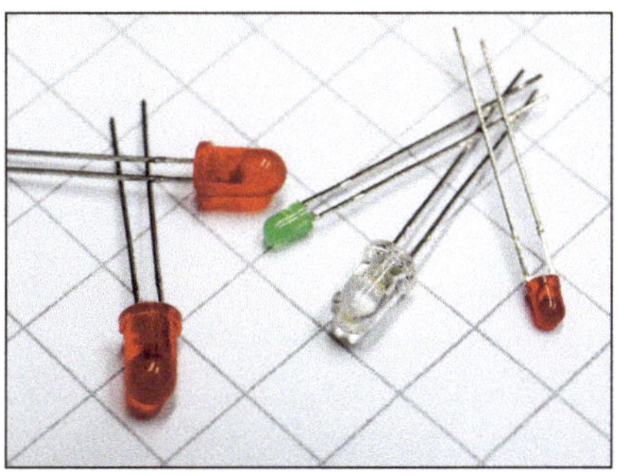

Einige Leuchtdioden

Luckylight

Absolute Maximum Ratings at Ta=25℃

Parameters	Symbol	Max.	Unit
Power Dissipation	***PD***	100	mW
Peak Forward Current (1/10 Duty Cycle, 0.1ms Pulse Width)	***IFP***	100	mA
Forward Current	***IF***	30	mA
Reverse Voltage	***VR***	5	V
Operating Temperature Range	***Topr***	-40℃ to +80℃	
Storage Temperature Range	***Tstg***	-40℃ to +85℃	
Lead Soldering Temperature [4mm (.157") From Body]	***Tsld***	260℃ for 5 Seconds	

Notes:

1. Proper current derating must be observed to maintain junction temperature below the maximum.
2. LEDs are not designed to be driven in reserve bias.

Electrical Optical Characteristics at Ta=25℃

Parameters	Symbol	Min.	Typ.	Max.	Unit	Test Condition
Viewing Angle	$2\theta_{1/2}$	---	15	--	Deg	IF =25mA
Forward Voltage	V_F	1.8	2.0	3.8	V	IF =25mA
Reverse Current	I_R	---	---	10	μA	V_R=5V
Chromaticity Coordinates	***x***	---	0.28	---	---	IF =25mA
	y	---	0.29	---	---	
Luminous Intensity	***Iv***	18000	25000	---	mcd	IF =25mA

Notes:

1. Luminous Intensity Measurement allowance is ± 10%.
2. $\theta_{1/2}$ is the off-axis angle at which the luminous intensity is half the axial luminous intensity.

Spec No.:D008 X340 Rev No.: V.2 Date: Jun/16/2006 Page: 4 OF 8
Approved: JoJo Checked: Wu Drawn: Yao
Lucky Light Electronics Co., Ltd. **http://www.luckylight.cn**

Praktische Übung: LED mit Vorwiderstand in Betrieb nehmen

Bearbeitet am: ____________

In einem der letzten Experimente hast Du eine Leuchtdiode in Betrieb genommen und diese direkt an die Batterie mit 4,5 V angeschlossen. Das ist eigentlich zu viel Spannung für eine LED, was dazu führt, dass ein zu hoher Strom fließt. Nun sollst Du herausfinden, ob man mit einem Vorwiderstand tatsächlich eine LED „schonender" in Betrieb nehmen kann.

1. Zeichne als erstes einen Schaltplan für die Schaltung: Ein Stromkreis mit einer Flachbatterie 4,5 V, einem Vorwiderstand und einer LED.

2. Suche die Werte von Strom und Spannung, die für den sicheren Betrieb der LED passen, aus dem Datenblatt auf Seite 121. Berechne einen passenden Vorwiderstand und schreibe den Wert in den Schaltplan aus Aufgabe 1.

Das brauchst Du:

1 Batterie

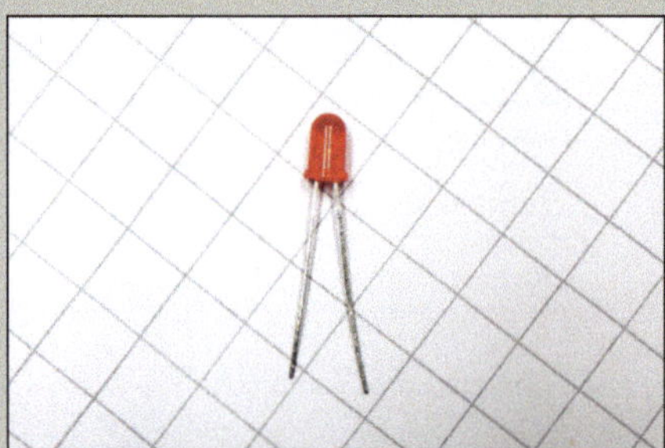

1 LED

4 Messleitungen

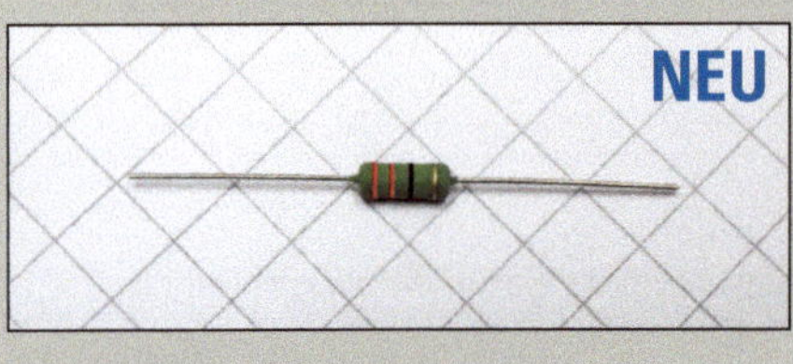

1 Widerstand 22 Ω/2W
Suchbegriff:
„Widerstand 22 Ω 2W Metalloxid"
Kosten: ca. 10 bis 15 ct/Stück

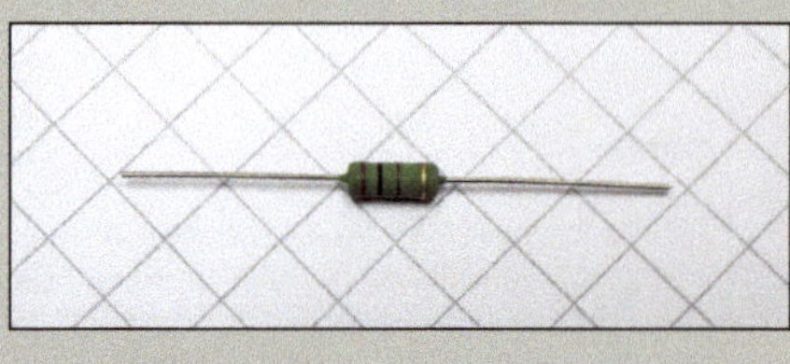

1 Widerstand 100 Ω

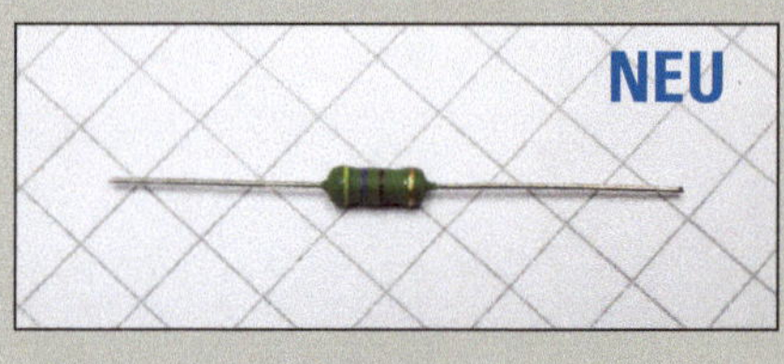

1 Widerstand 470 Ω/2W
Suchbegriff:
„Widerstand 470 Ω 2W Metalloxid"
Kosten: ca. 10 bis 15 ct/Stück

4. Nun musst Du den Farbcode für drei Widerstände herausfinden. Informationen über den Farbcode findest Du in „Widerstände als Bauelemente" auf Seite 101. Schreibe die Farbcodes in die Tabelle.

22 Ω	100 Ω	470 Ω

5. Verbinde die Batterie, die LED und einen Widerstand zu einem Stromkreis. Beginne mit 22 Ω. Dann nimm nacheinander die beiden anderen. Benutze die Farbcodes, um die richtigen Widerstände herauszusuchen. Beobachte die Helligkeit der LED. Hast Du die Farbcodes richtig abgelesen? Der kleinste Widerstand muss die größte Helligkeit bewirken und der größte Widerstand die kleinste Helligkeit. Wenn Du fertig bist, klemme die Batterie wieder ab.

In den nachfolgenden beiden Teilaufgaben sollst Du für die drei Widerstände jeweils Strom und Spannung an der Diode messen. Dazu musst Du unbedingt die Tipps und Erklärungen auf den Infoseiten ab Seite 74 beachten. Dort wird der Umgang mit dem Multimeter gezeigt. Wenn Du Dich an den Umgang mit dem Multimeter nicht mehr erinnern kannst, sag Deinem Lehrer Bescheid, damit er Dir Zeit zum Lesen der Infoseiten gibt.

6. Nimm die Schaltung wieder nacheinander mit den drei Widerständen in Betrieb. Miss jeweils die Spannung an der LED. Dazu musst Du die Messspitzen benutzen. Bild 1 zeigt, wie das aussehen kann. Schreibe die Messwerte in die Tabelle. Wenn Du fertig bist, klemme die Batterie ab.

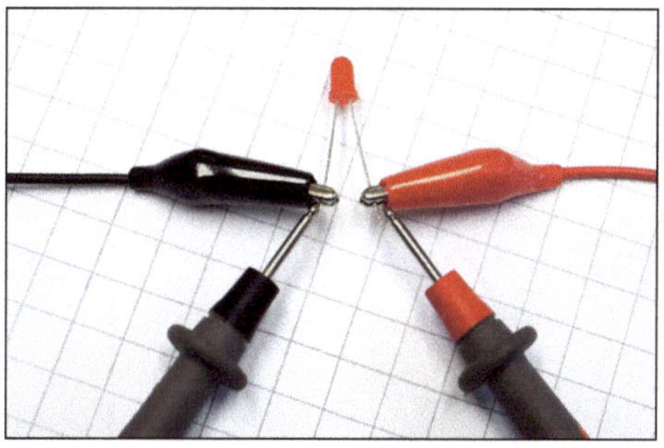

Bild 1

U_{Diode} bei 22 Ω	U_{Diode} bei 100 Ω	U_{Diode} bei 470 Ω

7. Nimm die Schaltung wieder nacheinander mit den drei Widerständen in Betrieb. Baue das Multimeter in den Stromkreis ein, indem Du die Spitzen der Messleitungen mit den Krokodilklemmen packst.
Miss den Strom jeweils mit den drei Widerständen. Schreibe die Messwerte in die Tabelle. Wenn Du fertig bist, klemme die Batterie ab. Passt der mittlere Strom zu Deiner Rechnung? Wenn nicht, musst Du Messung und Rechnung nochmal überprüfen.

I bei 22 Ω	I bei 100 Ω	I bei 470 Ω

Potenziometer und Spannungsteiler

Potenziometer sind einstellbare Widerstände, an denen man drehen und z. B. die Musik lauter oder leiser machen kann. Dahinter steckt eine knifflige Reihenschaltung aus zwei Widerständen: Der Spannungsteiler

Potenziometer

Du hast sicher bei vielen Geräten schon an einem Knopf gedreht und dann ist z. B. die Musik lauter oder leiser geworden. Im Gerät befindet sich dann hinter dem Drehknopf ein Potenziometer. Potenziometer sind einstellbare Widerstände.

In Bild 1 ist ein Potenziometer zu sehen. Es hat eine Achse mit 6 mm Durchmesser und drei Anschlüsse.

Bild 2 zeigt die Einzelteile. Das wichtigste Einzelteil ist die kreisförmige Widerstandsbahn. Darüber ist ein Schleifkontakt zu sehen. Er ist an der Achse befestigt. Er bewegt sich beim Drehen an der Achse über die Widerstandsbahn von einem Ende zum andern.

Jedes Potenziometer hat drei Anschlüsse. Die beiden äußeren sind mit den Enden der Widerstandsbahn verbunden. Der mittlere Anschluss ist mit dem Schleifkontakt verbunden.

Damit kann der Wert des Widerstandes zwischen dem mittleren Anschluss und den beiden äußeren Anschlüssen eingestellt werden. Zwischen den beiden äußeren Anschlüssen ist immer der Widerstandswert der gesamten Widerstandsbahn. Mit diesem Wert wird das Potenziometer bezeichnet.

Bild 1: Ein Potenziometer

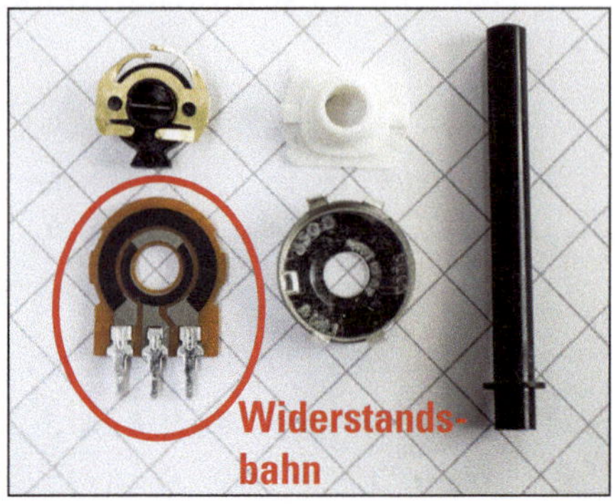

Bild 2: Die Einzelteile

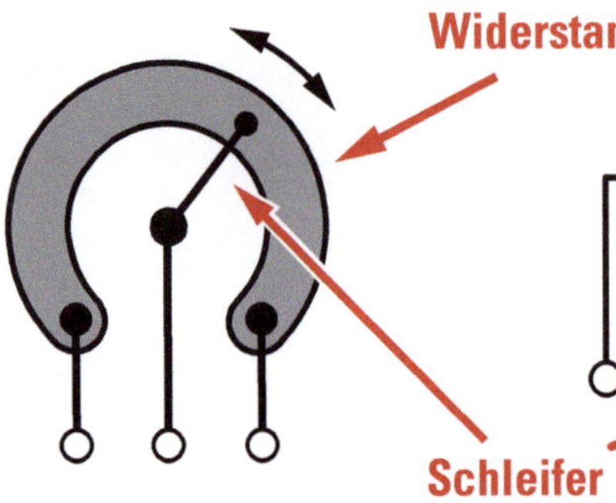

Bild 3: Die Widerstandsbahn ist mit den beiden äußeren Anschlüssen verbunden. Ein Schleifer stellt den Kontakt her und ist mit dem mittleren Anschluss verbunden.

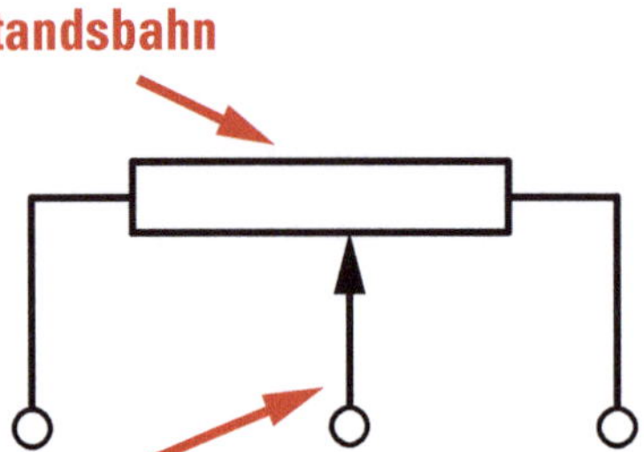

Bild 4: Vereinfachte Zeichnung: Der Widerstand zwischen den beiden äußeren Anschlüssen erhält durch den Schleifer einen zusätzlichen Anschluss.

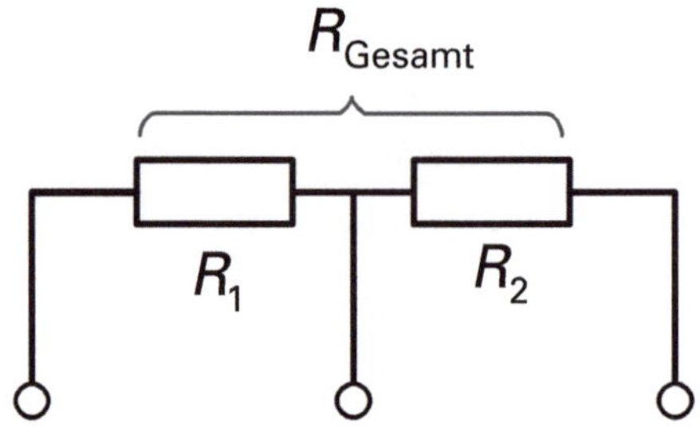

Bild 5: Durch den zusätzlichen Anschluss wird der Widerstand der gesamten Widerstandsbahn in zwei Teile aufgeteilt. Es entsteht eine Reihenschaltung aus zwei Widerständen.

Bauarten von Potenziometern

Es gibt zahlreiche Varianten von Potenziometern. Bild 1 auf dieser Seite zeigt einen weit verbreiteten, preiswerten Typ. Wegen seiner Achse kann man ihn in das Innere von Geräten einbauen und außen an einem Knopf drehen, der an der Achse angebracht wird.

Weit verbreitet sind außerdem Trimmwiderstände, auch „Trimmer" genannt. Sie sind ähnlich wie Potenziometer aufgebaut, haben jedoch keine Achse, sondern nur einen Schlitz für einen Schraubendreher.

Hochlastpotenziometer bestehen aus einer dicken Drahtwicklung, die die Widerstandsbahn kleinerer Potenziometer ersetzt. Sie sind hoch belastbar. Drahtpotenziometer sind seltene Bauteile.

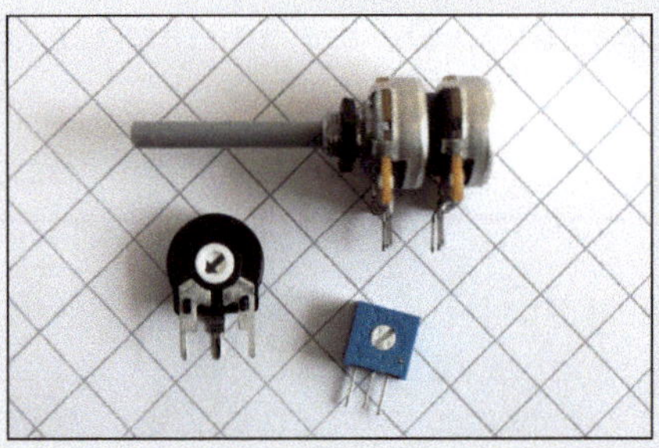

Schiebepotenziometer werden in Mischpulten eingebaut. Hier kommt es auf besonders feinfühliges Betätigen an. Schiebepotenziometer sind teuer.

Spannungsteiler

Schau Dir Bild 6 an: Es zeigt einen Spannungsteiler. Spannungsteiler sind Reihenschaltungen aus zwei oder mehr Widerständen. Die Spannung teilt sich auf die Einzelwiderstände auf. Daher der Name „Spannungsteiler". Links zeichnet man die Gesamtspannung U_{Gesamt} an. Rechts die beiden Teilspannungen U_1 und U_2. In einer Reihenschaltung teilen sich die Spannungen so auf wie die Widerstände. Hier ist ein einfaches Beispiel zu sehen. Der Gesamtwiderstand ist 60 Ω. 20 Ω ist ein Drittel davon. Ein Drittel von 15 V ist 5 V. Am oberen Widerstand sind also der Widerstand und die Spannung jeweils ein Drittel des Gesamten. Unten entsprechen der Widerstand und die Spannung jeweils zwei Dritteln des Gesamten.

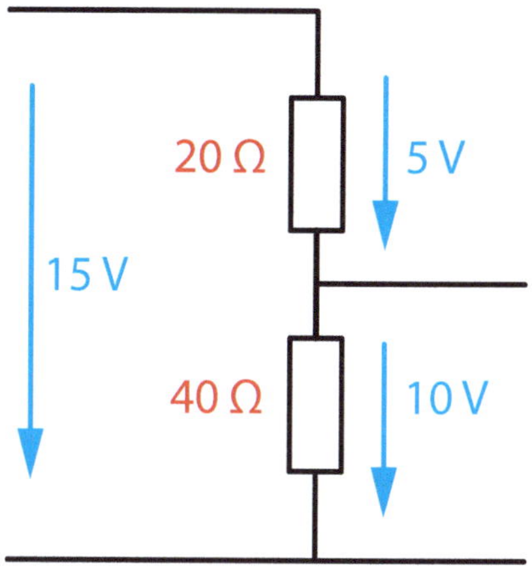

Bild 6: Ein Spannungsteiler mit zwei Widerständen.

Das Potenziometer als Spannungsteiler

Durch seinen Aufbau arbeitet das Potenziometer als Spannungsteiler. Steht der Schleifer auf der einen Seite, gibt es einen kleinen Teilwiderstand R_1 mit einer kleinen Teilspannung U_1 und einen großen Teilwiderstand R_2 mit einer großen Teilspannung U_2. Steht der Schleifer auf der anderen Seite, ist alles umgekehrt. Steht der Schleifer genau in mittlerer Position, so sind beide Widerstände und Spannungen gleich. In Bild 7 und Bild 8 sind Beispiele zu sehen.

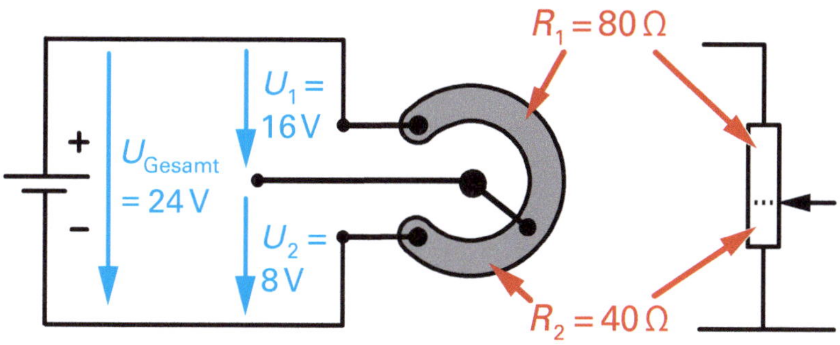

Bild 7: Der Gesamtwiderstand von 120 Ω wird in zwei Teilwiderstände von 80 Ω und 40 Ω aufgeteilt. Entsprechend teilen sich auch die Spannungen auf.

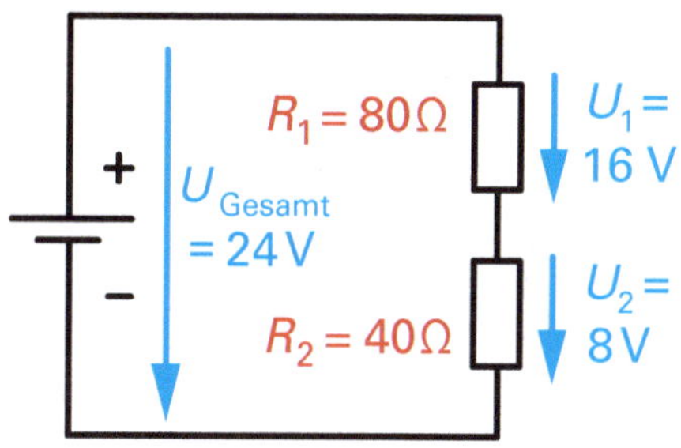

Bild 8: Es ergibt sich ein Spannungsteiler mit der gewünschten Ausgangsspannung U_2.

Berechnungsformeln

Gesucht	Formel	Gesucht	Formel
U_1	$U_1 = R_1 \cdot \frac{U_{Gesamt}}{R_{Gesamt}}$	R_1	$R_1 = R_2 \cdot \frac{U_{Gesamt} - U_2}{U_2}$
	$U_1 = U_2 \cdot \frac{R_1}{R_2}$		$R_1 = R_2 \cdot \frac{U_1}{U_2}$
U_2	$U_2 = R_2 \cdot \frac{U_{Gesamt}}{R_{Gesamt}}$	R_2	$R_2 = R_1 \cdot \frac{U_2}{U_{Gesamt} - U_2}$
	$U_2 = U_1 \cdot \frac{R_2}{R_1}$		$R_2 = R_1 \cdot \frac{U_2}{U_1}$

Berechnung eines Spannungsteilers

Bearbeitet am: ____________

Aus einer Spannung von 12 V soll eine Spannung von 4 V gewonnen werden. Ein Widerstand von 4 Ω ist vorhanden. Wie groß muss der zweite Widerstand sein? Zeichne einen Schaltplan und rechne den zweiten Widerstand aus.

Bauarten von Potenziometern

Bearbeitet am: ____________

Zähle die Dir bekannten Bauarten von Potenziometern auf.

Warum drei Anschlüsse?

Bearbeitet am: ____________

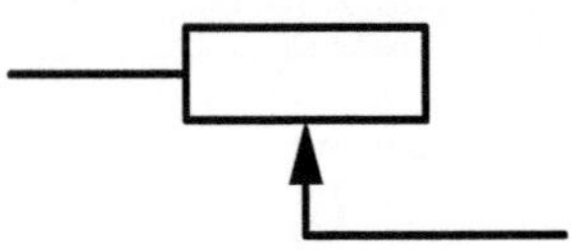

Warum hat ein Potenziometer drei Anschlüsse? Ein Anschluss an der Widerstandsbahn und ein zweiter Anschluss für den Schleifer würde doch genügen, wie in der Abbildung links zu sehen? Gib eine Erklärung!

Zwei Arten von Potenziometern

Bearbeitet am: ____________________

Zeichne folgende Schaltsymbole auf:

a) Potenziometer b) Trimmer

... und erläutere den Unterschied: ....

....

....

Unfertiges Potenziometer

Bearbeitet am: ____________________

Ergänze die Zeichnung links so, dass ein betriebsbereites Potenziometer entsteht.
Ergänze das Schaltsymbol rechts so, dass es ein Potenziometer zeigt.

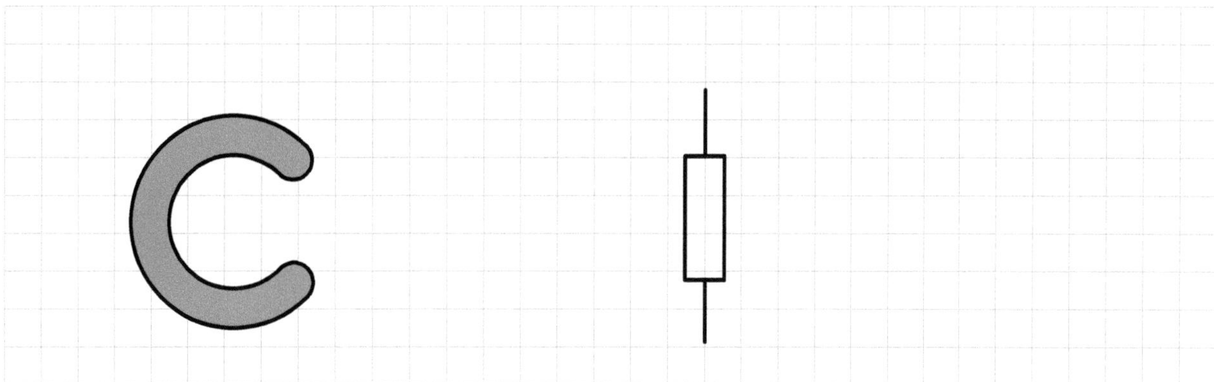

Verzwicktes Potenziometer

Bearbeitet am: ____________________

Wenn sich der Schleifer des Potenziometers nach oben bewegt, passiert folgendes:

- ☐ Die Lampe leuchtet heller
- ☐ Die Lampe leuchtet dunkler

Begründe Deine Wahl!

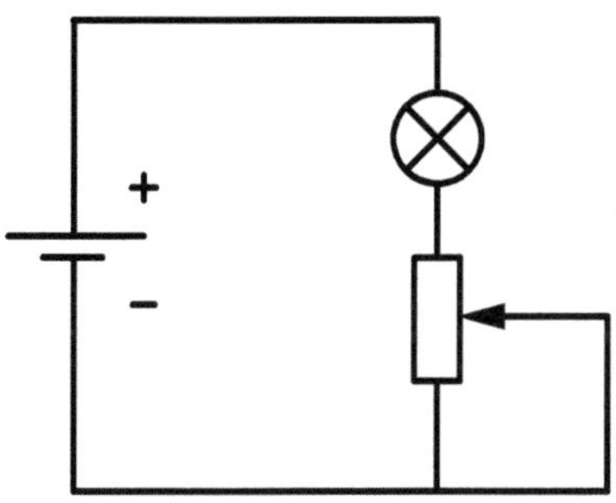

....

....

....

....

Praktische Übung: Untersuchung einer Leuchtdiode

Bearbeitet am: ____________________

In diesem Experiment sollst Du herausfinden, wie sich eine Leuchtdiode verhält, wenn man sie an ein Potenziometer anschließt. Du solltest Dich vorher mit dem Potenziometer vertraut gemacht haben. Du findest es auf den Infoseiten ab Seite 124. Dort wird das Potenziometer erklärt. Wenn Du Dich nicht mehr an das Potenziometer erinnern kannst, sag Deinem Lehrer Bescheid, damit er Dir Zeit zum Lesen der Infoseiten gibt.

Weiterhin solltest Du wissen, wie man mit dem Multimeter umgeht, da Du hier alle drei elektrischen Größen messen musst: Strom, Spannung und Widerstand. Dieses Thema ist auf den Infoseiten Messen mit dem Multimeter–Teil 1 „Messen mit dem Multimeter–Teil 1“, Seite 74, zu finden.

1. Als Erstes sollst Du den Widerstand des Potenziometers messen und ausprobieren, wie er sich ändert, wenn Du an der Achse drehst. Schalte das Multimeter in die Betriebsart *Widerstandsmessung* und halte die Messspitzen an die Anschlüsse des Potenziometers. Beobachte die Anzeige – Du wirst es merken, wenn Du die richtigen Anschlüsse gefunden hast.

2. Baue nun einen Stromkreis mit Deiner 4,5 V-Batterie, dem Potenziometer und der LED auf. Ein Vorschlag, wie es aussehen könnte, ist in Bild 1 zu sehen. Wird die LED beim Nach-rechts-Drehen heller? Falls nicht, musst Du das Potenziometer anders anschließen. Lass die LED in der hellsten Stellung nicht zu lange leuchten. Du weißt sicher noch, dass 4,5 V Spannung zu viel für eine LED sind. Sie verbrennt, wenn man sie mit dieser Spannung zu lange leuchten lässt.

Bild 1

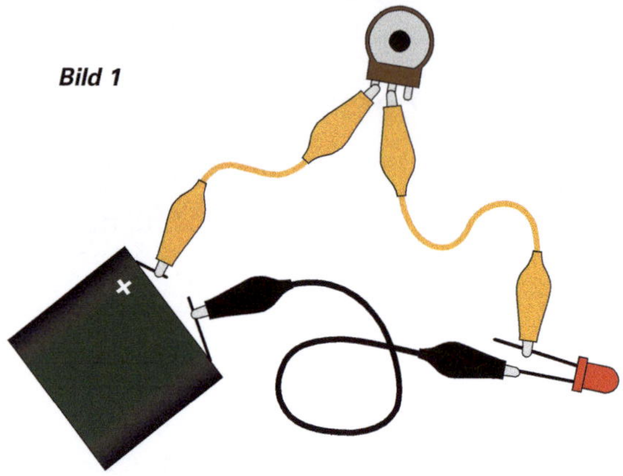

3. Zeichne nun einen Schaltplan Deines Versuchsaufbaus. Ein Tipp: Bei diesem Experiment verwendest Du nicht alle Anschlüsse des Potenziometers.

Das brauchst Du:

1 Batterie 4,5 V

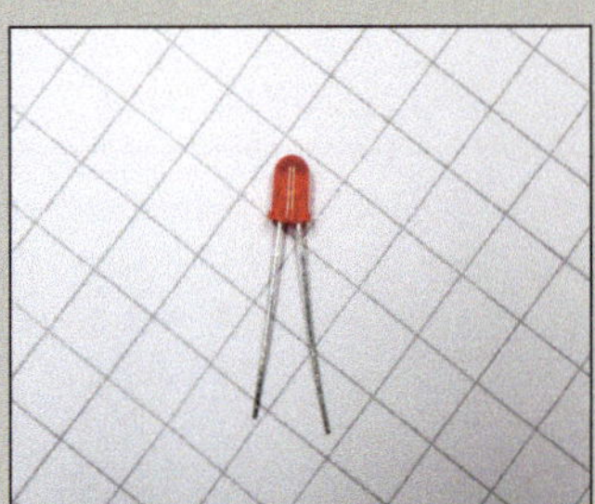

1 LED

1 Potenziometer 2,2 kΩ
Suchbegriff:
„Drehpoti, linear, 2,2 kΩ,“ 6 mm oder „Potenziometer, 2,2 kΩ, 6 mm“. Kosten: ca. 1,50 €

5 Messleitungen

4. Überprüfe, ob die Angaben im LED-Datenblatt stimmen. Dazu musst Du die Spannung an der LED messen. Stelle mit dem Potenziometer einen Spannungswert ein, der passend für die LED ist. Danach überprüfe den Wert des Stromes. Du hast nun schon öfter Ströme gemessen, sodass Du sicher sorgfältig vorgehst, ohne dass etwas kaputt geht. Man nennt die Kombination von Strom und Spannung, die man eingestellt hat und die gut zum Bauteil passt, den *Arbeitspunkt*.

U_{Diode} im Arbeitspunkt	I_{Diode} im Arbeitspunkt

Du erinnerst Dich sicher an das ohmsche Gesetz. Das ohmsche Gesetz gilt für einfache Widerstände, die man daher auch *ohmsche Widerstände* nennt. Strom und Spannung ändern sich immer im gleichen Verhältnis. Aus diesem Grund ist es leicht, mit dem ohmschen Gesetz zu rechnen und mit Widerständen umzugehen. Nun sollst Du herausfinden, ob das alles auch für LEDs gilt.

5. Nimm den Stromkreis wieder in Betrieb und stelle das Potenziometer so ein, dass die LED schwach leuchtet. In der Tabelle siehst Du Spannungswerte von 1,7 bis 3,0 V. Diese Spannungswerte sollst Du einstellen und den dazugehörenden Strom messen. Schreibe die Werte in die Tabelle. Nimm Dir Zeit für die Messungen. Arbeite sorgfältig: Du musst das Multimeter mehrfach von einer Betriebsart in die andere bringen und in den Stromkreis einfügen und wieder herausnehmen. Dabei darf es keinen Kurzschluss geben!

U_{Diode}	1,7 V	1,8 V	1,9 V	2,0 V	2,2 V	2,4 V
I_{Diode}						

6. Trage die Messwerte in das Diagramm ein. Ist die Linie noch eine Gerade? Schau genau hin! Bauteile, die einen solchen Zusammenhang zwischen Strom und Spannung haben, lassen sich nur schwer berechnen. Wie nennt man einen solchen Zusammenhang zwischen Strom und Spannung, wie er hier bei der Diode vorkommt?

....

....

....

....

....

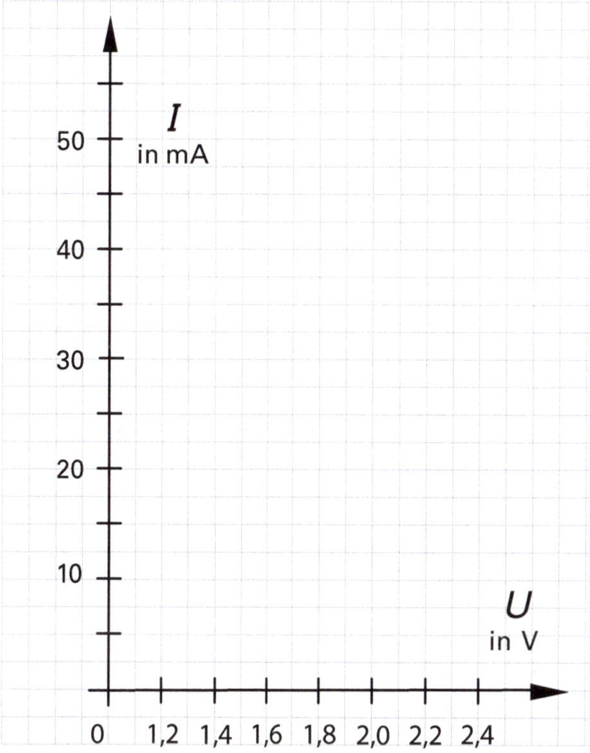

Eine Füllstandsmessung

Bearbeitet am: ____________________

Bei dieser Aufgabe sollst Du eine Füllstandsmessung für einen Wasserbehälter zusammenbauen. Es soll so funktionieren, dass das Zeigerinstrument umso mehr anzeigt, je mehr Wasser in dem Behälter ist. Schau Dir die Zeichnung an: Der Schwimmer im Behälter ist über eine Umlenkrolle mit einem Potenziometer verbunden. Zeichne die elektrischen Verbindungsleitungen ein, sodass die Anzeige funktioniert!

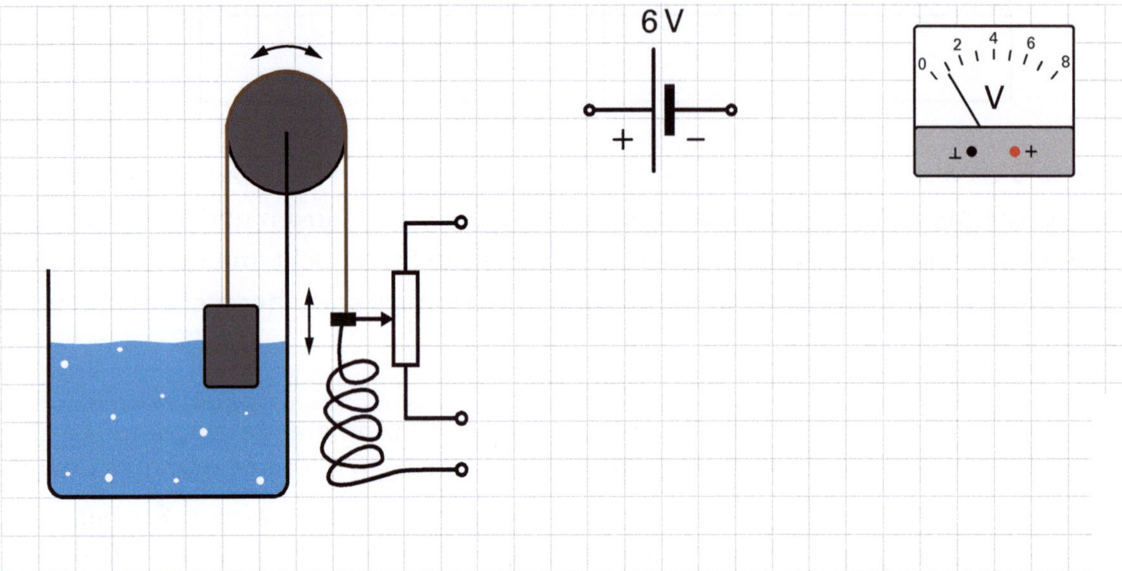

[vel.plus/EB10]

Potenziometer ersetzen

Bearbeitet am: ____________________

Eine Leuchtdiode ist an ein Potenziometer angeschlossen worden, um die Helligkeit einstellen zu können. Nun hat man festgestellt, dass tatsächlich nur die Stellungen **B** und **C** genutzt werden. Daher soll das Potenziometer durch eine Schaltung mit zwei Widerständen und einem Schalter ersetzt werden. Zeichne einen Schaltplan! Suche zwei passende Widerstände aus der E24-Reihe aus, die den Stellungen B und C am besten entsprechen.

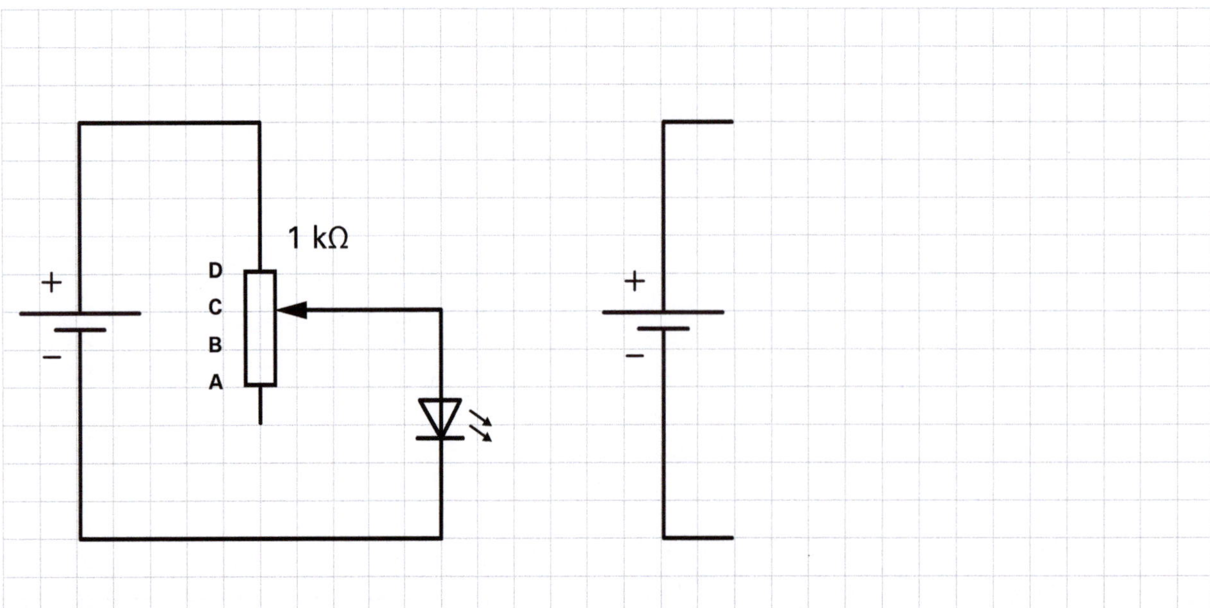

6 Elektrische Leistung und Energie

Hier geht es um die elektrische Leistung und ihre Berechnung aus Strom und Spannung. Weitere Themen sind: Leistung am Widerstand, das Messen von Leistungen und Leistungsangaben an Geräten.

Die elektrische Leistung

Du hast sicher schon mal einen elektrischen Haartrockner benutzt. Dabei hast Du vielleicht einen Schalter betätigt, mit dem man zwischen kalt, warm und heiß umschalten konnte. Bei diesem Schaltvorgang wird die **elektrische Leistung** des Haartrockners verändert. Eine hohe Leistung macht heiße Luft, eine niedrige Leistung macht weniger heiße Luft. Die elektrische Leistung ist eine physikalische Größe, die wie alle Größen einen Formelbuchstaben und eine Einheit hat. Der Formelbuchstabe ist das *P* (von engl. *Power*). Die Einheit ist das W (Watt) in Angedenken an den britischen Physiker James Watt, der um 1780 an der Dampfmaschine arbeitete. Viele elektrische Geräte werden nach ihrer Leistung beurteilt. So kann z. B. eine Kaffeemaschine eine Leistung von 700 Watt oder eine Leistung von 1000 Watt haben – die Maschine mit der höheren Leistung wird den Kaffee schneller zubereiten können.

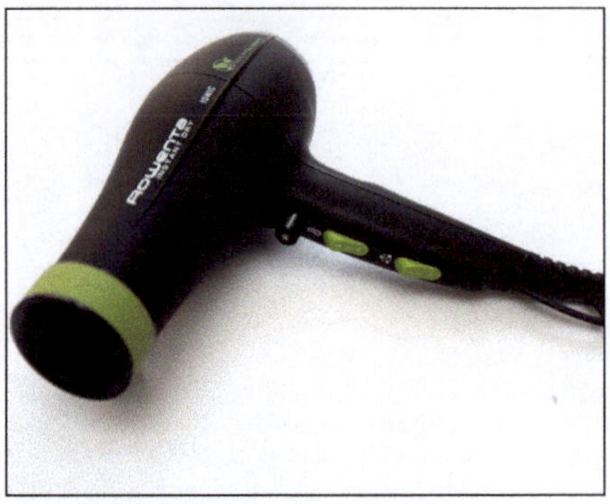

Bild 1: Ein Haartrockner mit mehreren Leistungsstufen

Leistung	
Formelbuchstabe	***P***
Einheit	**W (Watt)**

Leistung, Strom und Spannung

Die elektrische Leistung ist von Spannung und Strom gleichermaßen abhängig. Je mehr Spannung, desto mehr Leistung und je mehr Strom, desto mehr Leistung. Bild 2 zeigt einen Querschnitt durch ein Kabel für höchste Leistungen. Bei einer Spannung von bis zu 380000 V fließt ein Strom von bis zu 1300 A. Die Leiter sind aufwendig isoliert (Spannung) und werden bis zu 80 Grad heiß (Strom). Die Formel zur **Berechnung der Leistung** ist einfach: Leistung ist Strom mal Spannung.

$$P = U \cdot I$$

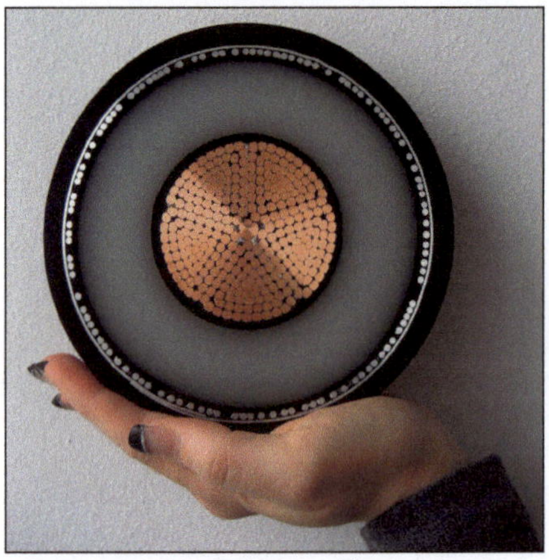

Bild 2: Ein Erdkabel zur Übertragung höchster Leistungen

Leistung am Widerstand

Wenn Strom durch einen Widerstand fließt, wird er erwärmt. Üblicherweise wird versucht, den Widerstand ausreichend groß zu bauen, sodass die Wärme keinen Schaden anrichten kann. Es gibt aber auch Widerstände, die extra zur Wärmeentwicklung konstruiert sind, wie z. B. die Heizwiderstände in Bügeleisen, Elektroherden etc. Widerstände werden in verschiedene Größen unterteilt, die sich in ihrer Belastbarkeit unterscheiden. Kleinere Widerstände sind weniger belastbar, größere Widerstände sind höher belastbar. Spezielle Heizwiderstände sind aus aufgewickeltem Draht gebaut. Das Leitermaterial für solche Drähte hat einen höheren Widerstand als bei normalen Drähten. Man sagt daher auch Widerstandsdraht dazu. In jedem Heizlüfter sind solche Drähte.

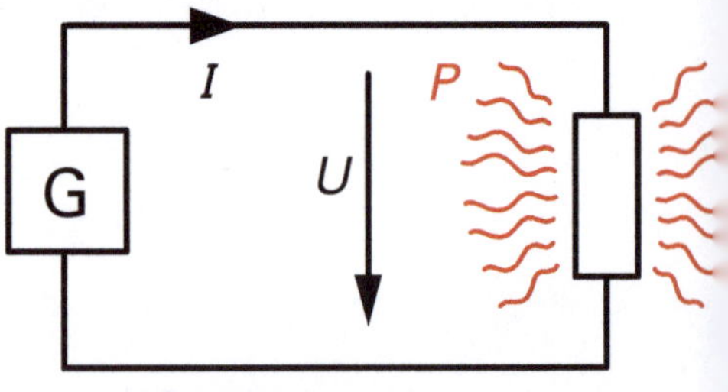

Bild 3: Ein Widerstand erwärmt sich

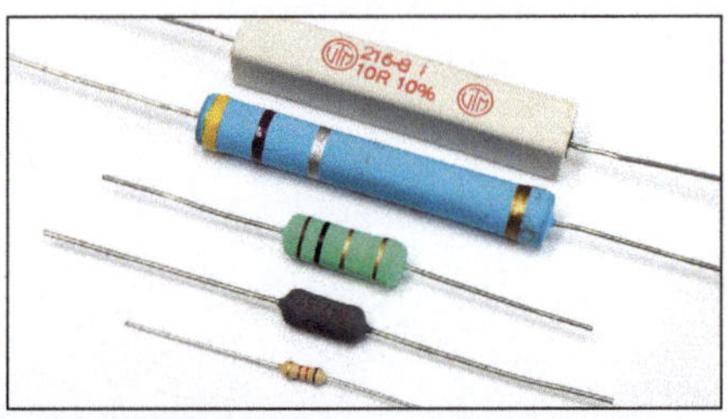

Bild 4: Widerstände unterschiedlicher Belastbarkeit

Messen von Leistungen

Die Abbildung rechts zeigt einen Leistungsmesser in einer Steckdose, der die Leistung von Elektrogeräten im Haushalt messen kann. Er ist gerade an einem Toaster angeschlossen.

Wenn man die Leistung eines elektrischen Gerätes messen will, muss man Strom und Spannung gleichzeitig messen. Das kann man mit zwei Messgeräten für Strom und Spannung machen. Der linke der beiden Schaltpläne unten zeigt diese Methode. Praktischer sind **Leistungsmesser**. Der Strom fließt durch den **Strompfad** und die Spannung liegt am **Spannungspfad** an. Daher hat ein Leistungsmesser normalerweise vier Anschlüsse: Zwei für den Strompfad und zwei für den Spannungspfad. Bei Leistungsmessern für die Steckdose sind diese Anschlüsse alle „unsichtbar" im Innern untergebracht. Das macht den Einsatz dieser Geräte einfach.

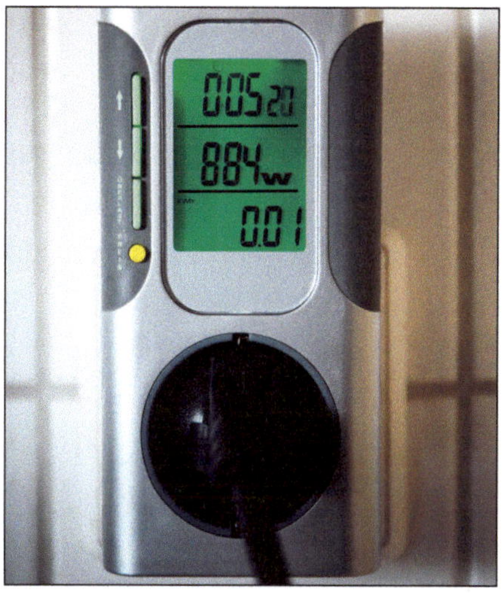

Bild 5: Ein Leistungsmesser an einer Steckdose

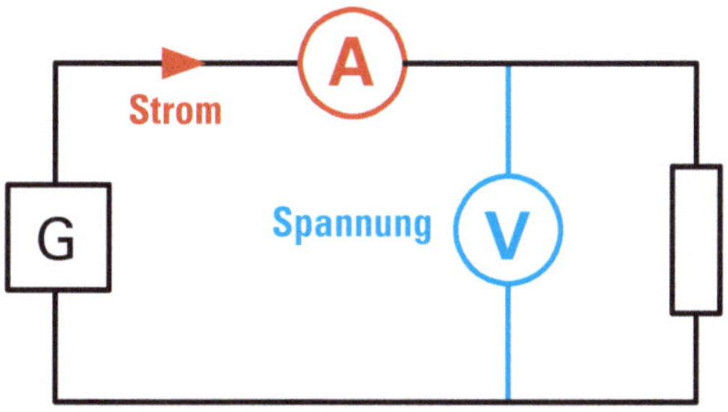

Bild 6: Leistungsmessung mit getrennter Strom- und Spannungsmessung

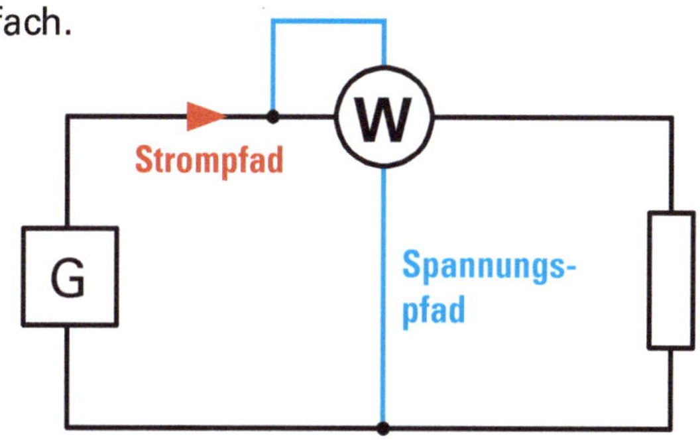

Bild 7: Leistungsmessung mit einem Leistungsmesser

Leistungsangaben an Geräten

An Geräten wird die elektrische Leistung immer angegeben. Üblicherweise ist das die elektrische Leistung, die aufgenommen wird. Bei kleineren Geräten können es ein paar Watt sein, bei größeren Geräten viele Kilowatt. Bei größeren Geräten sind bei der Angabe der Leistung noch andere Daten angegeben. Alles zusammen wird dann auf ein Schild oder einen Aufkleber aufgedruckt. Das ist dann das **Typenschild** des Gerätes.

Bei größeren Geräten ist es wichtig zu wissen, dass sie meistens genau für die Leistung gebaut sind, die auf dem Leistungsschild aufgedruckt ist. Man nennt das dann die **Bemessungsleistung**.

Viele Geräte werden mit der Leistungsangabe ausgesucht, z. B. kauft man einen „100W-Lötkolben" oder eine „40W-Leuchte". Dann nennt man diese Angabe auch die **Nennleistung** des Gerätes.

SIEMENS			
Typ 23765839			
3~ Mot	Nr. 837689		
400 V	10 A		
6 kW	S1	cos φ 0,88	
1450 U/min	50 Hz		
Isol.-Kl. B	IP 54	34 kg	
DIN VDE 0530 Teil 1, 1995			

Bild 8: Das Typenschild eines Elektromotors mit der Leistungsangabe

kids-and-science.de → Wie funktionierts? → Wie wird im Föhn heiße Luft erzeugt?
elektronik-kompendium.de → Elektronik Grundlagen → Elektrische Leistung P
zum.de → dwu → Elektrizitätslehre → El. Leistung 1 / El. Leistung 2
YouTube → Physik Formel umstellen für Dummies (NEU: jetzt ohne Rechnen!) (12 min)
YouTube → Arbeit, Leistung, Energie (14:30 min)

Die Rechenscheibe

Bearbeitet am: ____________________

Hier siehst Du die enorm praktische Rechenscheibe. Sie hilft Dir beim Rechnen mit den elektrischen Gleichungen für den Fall, dass Du Schwierigkeiten beim Umstellen von Gleichungen hast.

Die Scheibe ist in vier Viertel aufgeteilt. Bei jedem Viertel findet man im inneren Kreis eine der Grundgrößen *R*, *U*, *I* und *P*. In den dazugehörenden drei äußeren Feldern stehen die Formeln, mit denen man die Grundgröße berechnen kann.

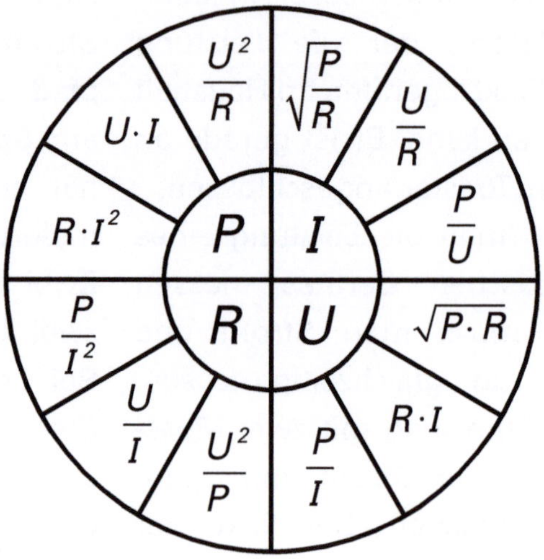

Nachfolgend findest Du drei Aufgaben, die Du mithilfe der Rechenscheibe lösen sollst. Daneben ist jeweils eine kleine Rechenscheibe abgebildet.
Die Bereiche, die Du für die Lösung der Aufgaben brauchst, sind jeweils orange markiert.

Ein Strom von 7,5 A fließt durch einen Widerstand von 2 Ω. Welche Spannung entsteht?

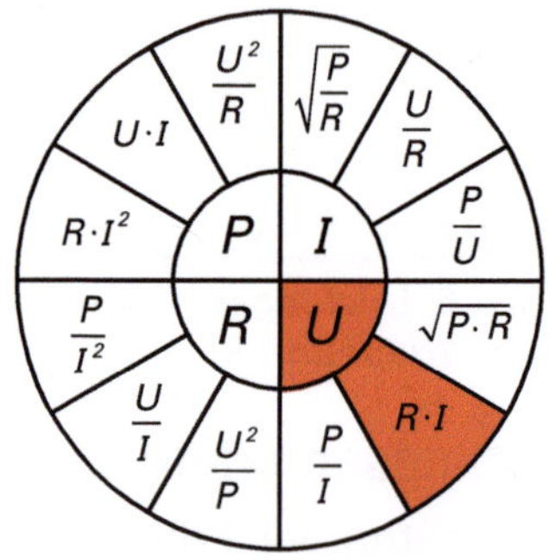

An einem Heizwiderstand mit 26 Ω liegt eine Spannung von 230 V an. Welche Leistung wird erzeugt?

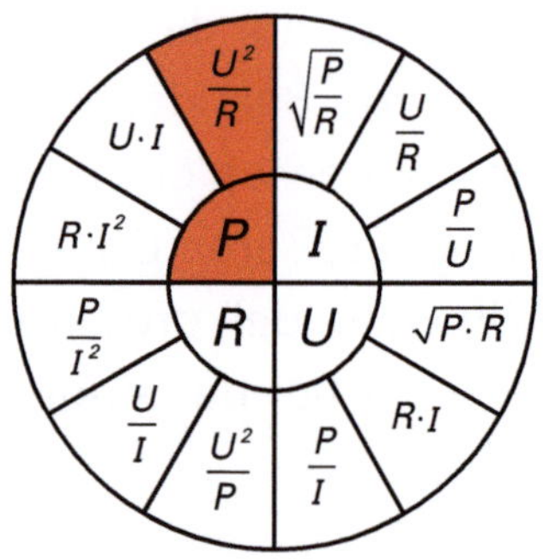

In einem Pkw soll ein Lüfter an 12 V eine Leistung von 100 W erzeugen. Welchen Wert muss der Heizwiderstand haben?

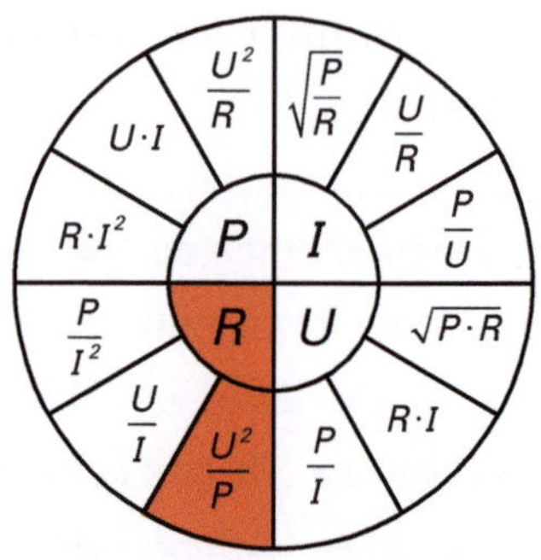

Leistung berechnen (1)

Bearbeitet am: ____________________

Ein Fahrradlämpchen nimmt bei einer Spannung von 6 V einen Strom von 0,5 A auf.
Berechne seine elektrische Leistung.

Leistung berechnen (2)

Bearbeitet am: ____________________

Ein Generator erzeugt eine Spannung von 230 V und kann dabei eine Leistung von 4 kW liefern. Wie hoch ist die Stromstärke?

Leistungsmessung

Bearbeitet am: ____________________

Ergänze die Schaltung mit zwei Multimetern, die als Spannungs- und Strommesser geschaltet sind, um die Leistung am Widerstand ermitteln zu können. Welcher Strom und welche Leistung werden sich ergeben?

Leistungsmesser

Bearbeitet am: ____________

Ein Leistungsmesser, wie in Bild 7 auf Seite 133 zu sehen, hat vier Anschlüsse. Zwei davon dienen zum Messen des Stromes, mit den beiden anderen wird die Spannung gemessen. Man nennt die Anschlüsse daher auch Strompfad und Spannungspfad. Ordne die Anschlüsse in der nachfolgenden Abbildung entsprechend Bild 7 auf Seite 133 zu. Achte auch auf die Reihenfolge, sodass die Leistung nicht negativ angezeigt wird.

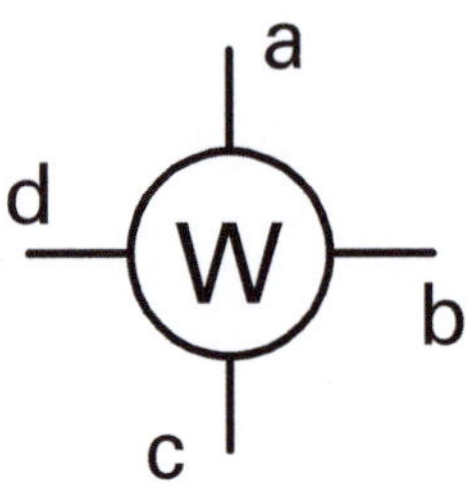

Spannungspfad (Eingang) ______

Spannungspfad (Ausgang) ______

Strompfad (Eingang) ______

Strompfad (Ausgang) ______

Kilowatt und PS

Bearbeitet am: ____________

Durchlauferhitzer, die heißes Wasser für Duschen erzeugen, gehören zu den leistungsstärksten Elektrogeräten in Haushalten. Die Geräte leisten bis zu 27 kW. Finde heraus, welcher Leistung in PS dies entspricht.

Starker Backofen

Bearbeitet am: ____________

Deine Kollegin möchte sich einen leistungsfähigen Backofen anschaffen. Sie würde gerne von Dir wissen, ob sie ihn problemlos an ihre Steckdose in der Küche anschließen kann. Du schaust nach und siehst, dass diese Steckdose über einen LS-Schalter mit einer Nennstromstärke von 16 A abgesichert ist. Was rätst Du Deiner Kollegin?

Lernsituation: Fahrradbeleuchtung absichern

Bearbeitet am: ____________________

Dein kleiner Bruder hat sich ein neues Fahrrad gekauft. Der Dynamo zur Stromerzeugung wird manchmal bei der Fahrt heiß. Es könnte ein Kurzschluss sein. Du denkst daran, eine Sicherung einzubauen. Dafür musst Du einige Überlegungen anstellen.

Zeichne einen Schaltplan. Es gibt einen Dynamo als Spannungsquelle, eine Lampe für vorne und ein Rücklicht. Als Symbol für den Dynamo kannst Du das Symbol für eine allgemeine Spannungsquelle nehmen.

1. Überlege Dir vorher, ob die Lampen in Reihe oder parallel geschaltet sind.

2. Zeichne eine Sicherung in den Schaltplan, die den Dynamo vor Überlastung schützt.

3. Jetzt kommen wir zu den Daten der einzelnen Betriebsmittel.

Spannung des Dynamos:	6 V
Lampe vorne:	6 V / 3 W
Lampe hinten:	6 V / 0,5 W

Schreibe die Werte an die Symbole im Schaltplan.

4. Rechne nun den Nennwert in A aus, den die Sicherung haben muss, um den Dynamo vor Überlastung zu schützen. Dazu musst Du den gesamten Strom ausrechnen, den beide Lampen benötigen und dann für die Sicherung den nächsten „runden" Wert auswählen.

Leistungen von Geräten im Haushalt

Bearbeitet am: ____________

Finde heraus, welche Leistungen die Geräte in der Tabelle ungefähr aus dem Stromnetz entnehmen. Suche dazu zuhause oder im Internet nach Leistungsangaben und schreibe typische Werte in die Tabelle.

Gerät	Leistung in Watt
Elektroherd (alles eingeschaltet)	
Toaster	
Gaming-PC	
Fernseher im Stand-By	
Haartrockner	
WLAN-Router	

Heizofen mit umschaltbarer Leistung

Bearbeitet am: ____________

In dieser Aufgabe sollst Du Widerstände zum Heizen ausrechnen und anschließen. Es sollen zwei Widerstände in einem Backofen angeschlossen werden, und zwar so, dass die Leistung umschaltbar ist. Dabei sollen folgende Werte eingehalten werden:

Schaltstellung 1: $P_1 = 2500\,\text{W}$

Schaltstellung 2: $P_2 = 1500\,\text{W}$

Schaltstellung 3: Aus

Vervollständige den Schaltplan und berechne die beiden Widerstände R_1 und R_2.

Lernsituation: Lichterkette an Autobatterie

Bearbeitet am: ____________________

Auf einem Campingplatz soll eine Lichterkette aufgebaut werden. Es stehen jede Menge älterer Glühlämpchen mit den Daten „6V/0,3W“ zur Verfügung. Da keine Steckdose vorhanden ist, sollen die Glühlämpchen an eine Autobatterie mit 12V angeschlossen werden. Man beschließt, einen Versuch mit 20 Lämpchen zu starten. Damit kein Schaden entsteht und die Lichterkette hell leuchtet, muss die Aktion genau geplant werden. Es wäre auch interessant, wie lange die Lämpchen leuchten. Daten der Autobatterie: 12V, 45 Ah.

1. Wie müssen diese Lämpchen an die Autobatterie angeschlossen werden? Stelle Überlegungen an, ob es Sinn macht, **alle** Lämpchen parallel oder **alle** Lämpchen in Reihe anzuschließen. Falls nicht – gibt es Alternativen?
Zeichne einen Schaltplan mit allen wichtigen Werten.

2. Berechne den Gesamtstrom, mit dem die Batterie belastet wird.

3. Wie lange leuchtet die Lichterkette bei einer vollgeladenen Batterie theoretisch? Berechne die Zeitdauer.

[vel.plus/EB11]

Beleuchtung Firmengelände

Bearbeitet am: ____________

Deine Firma hat den Auftrag bekommen, die Außenbeleuchtung eines Firmengeländes zu verbessern. Dazu sollen bereits vorhandene Baustrahler 230V/100W zum Einsatz kommen. Rechne aus, wie viele dieser Baustrahler sich an eine 16 A-Sicherung anschließen lassen.

Verluste in einer Leitung

Bearbeitet am: ____________

Wie viel Leistung wird in einer Leitung freigesetzt, die einen Querschnitt von 1,5 mm^2 hat und 100 m lang ist (Material Kupfer) und durch die ein Strom von 10 A fließt? Ein Tipp: Leitungswiderstände sind in Widerstände als Bauelemente „Widerstände als Bauelemente", Seite 100, und in den nachfolgenden Aufgaben erklärt.

Doppel = Doppelt ?

Bearbeitet am: ____________

Jemand stellt Dir eine Frage: „Sag mal, wenn ich die Spannung an einer Glühlampe verdoppele, leuchtet sie dann auch doppelt so hell?"
Wovon hängt die Helligkeit einer leuchtenden Glühbirne ab? Überlege genau und schreibe eine fachmännische Antwort auf.

Lernsituation: USB-Kaffee-Wärmer

Bearbeitet am: ____________________

Dein Kollege Oliver ist Computerfachmann und hat immer gute Ideen zum Basteln. Diesmal möchte er sich eine Heizung bauen, mit der er seine Kaffeetasse auf dem Schreibtisch warmhalten kann. Die Heizung soll an einen USB 3.0-Anschluss seines PCs angeschlossen werden können. Oliver bittet Dich um Deine Meinung, **ob eine solche USB-Heizung funktionieren kann**.

1. Finde heraus, welche Spannung und welche Stromstärke ein USB 3.0-Anschluss an einem PC zur Verfügung stellen kann. Dazu musst Du im Internet nach den Begriffen *USB 3.0* sowie *Strom* und *Spannung* suchen. Du wirst viele Angaben finden. Suche mittlere Werte heraus, hier soll lediglich eine Schätzung gemacht werden.

....

....

2. Berechne einen Widerstand, der nach dem ohmschen Gesetz zu Strom und Spannung passt, die Du bei **1** herausgefunden hast.

3. Suche einen passenden Wert aus der E-24-Reihe heraus.

....

4. Nun musst Du herausfinden, wieviel Heizleistung dieser Widerstand entwickeln würde, wenn er an einen USB-Port angeschlossen wäre.

5. Als Letztes musst Du herausfinden, ob die Leistung für das Erwärmen einer Kaffeetasse ausreichen würde. Suche nach Leistungsangaben bei kleinen Elektrogeräten, die irgendetwas erwärmen, wie z. B. kleine Lötgeräte oder kleine Glühbirnen. Eine solche Leistung müsste die USB-Heizung entwickeln können. Nun schreibe auf, ob die Idee Sinn ergibt.

....

....

....

Glühlampentausch

Bearbeitet am: ____________

Dein Kollege hat Probleme mit seiner neuen Taschenlampe. Das Lämpchen (6V/3W) ist durchgebrannt. Er möchte es ersetzen durch ein Lämpchen 4V/2,4W, das er noch in seiner alten Taschenlampe hat. Was ist zu erwarten? Denk erstmal nach und versuche, die richtige Antwort nur durch Überlegen herauszufinden. (Hinweis: Die Batterien in der Lampe erzeugen 6V).

Das neue Lämpchen brennt dunkler als das Originale ☐

Das neue Lämpchen brennt heller als das Originale ☐

Die Helligkeit bleibt gleich ☐

Nun überprüfe Deine Wahl durch eine Rechnung.

[vel.plus/EB12]

Leistung als Funktion der Spannung

Bearbeitet am: ____________

In dieser Aufgabe sollst Du eine mathematische Funktion zeichnen. Sie soll zeigen, wie die Leistung ansteigt, wenn die Spannung an einem Widerstand erhöht wird. Rechne dazu die Leistung an einem 1 Ω-Widerstand aus, und zwar für Spannungen von 1 bis 9 V in 1 V-Schritten. Zeichne die Leistungswerte als Punkte in das Diagramm. Verbinde anschließend die Punkte zu einer Linie. Beantworte anschließend die beiden Fragen:

- Was passiert mit der Leistung, wenn die Spannung verdoppelt wird?
- Wie nennt man diese Art von Funktion?

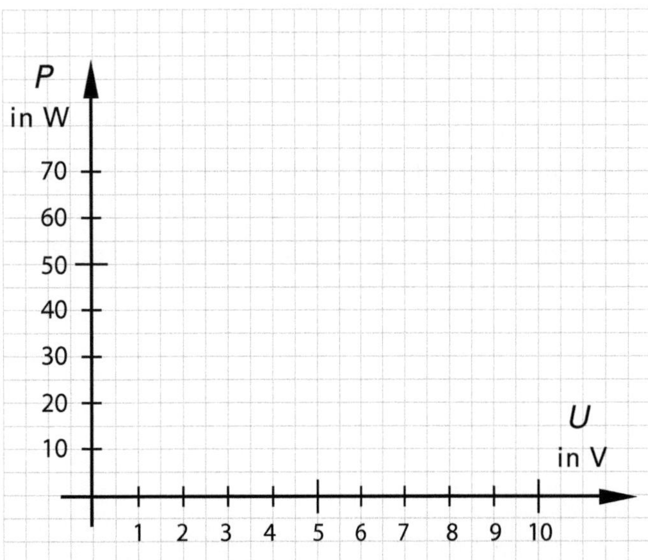

Lernsituation: Gefährliche Beleuchtung

Bearbeitet am: ____________________

Dein Kollege möchte für seine kleine Schwester eine Beleuchtung für ihr Puppenhaus bauen. Er hat gerade in der Berufsschule gelernt, wofür man Vorwiderstände verwendet. Nun hat er die Idee, ein 12V/0,1A-Lämpchen zu verwenden. Er möchte es mit einem Vorwiderstand direkt an 230 V Netzspannung anschließen. Du hast Bedenken wegen der 230 V im Kinderzimmer. Dein Kollege entgegnet, dass „wegen des Vorwiderstandes" nur 6 V an dem Glühlämpchen anliegen und es im Falle des Durchbrennens leicht auszuwechseln ist und billig dazu.

Finde heraus, ob dabei möglicherweise ernsthafte Probleme entstehen.

Zeichne einen Schaltplan für ein Lämpchen 12V/0,1A und einen Vorwiderstand, die an 230 V angeschlossen sind. Rechne den erforderlichen Wert des Vorwiderstandes aus.

Berechne die Leistung, die der Vorwiderstand umsetzen muss.

Nun stelle eine Überlegung an, welche Spannung an der Fassung des Lämpchens anliegt, wenn es durchgebrannt und herausgeschraubt ist.

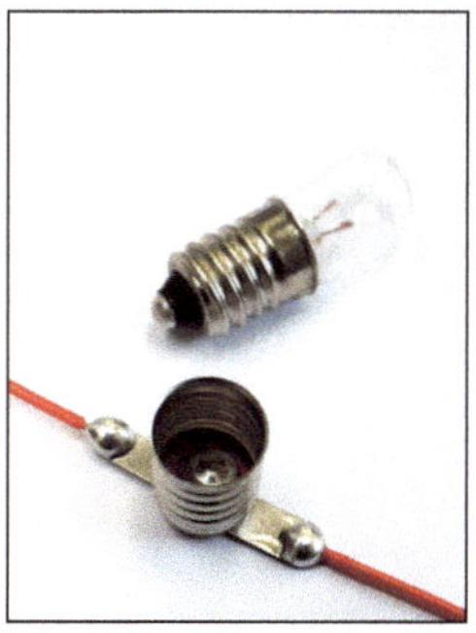

Macht diese Idee der Beleuchtung eines Puppenhauses im Kinderzimmer Sinn? Schreibe auf, was Du Thomas rätst.

Praktische Übung: Reihen- und Parallelschaltung

Bearbeitet am: ____________________

Bei dieser praktischen Übung sollst Du den Umgang mit Reihen- und Parallelschaltungen üben. Dabei wirst Du Spannungen und Ströme messen und auch Leistungen berechnen.

1. Als erstes sollst Du einen Stromkreis mit einer Batterie und einer Parallelschaltung mit zwei Lämpchen entwerfen. Zeichne einen Schaltplan dieser Schaltung. Füge einen Spannungsmesser hinzu und einen Strommesser, der den Gesamtstrom misst.

2. Nun baue die Schaltung auf. Zuerst ohne zu messen. Leuchten die beiden Lämpchen einigermaßen gleich hell?

3. Nun miss den Gesamtstrom und die Gesamtspannung in der Parallelschaltung.

U_{Gesamt}	I_{Gesamt}

4. Berechne nun die gesamte Leistung. Stelle eine Überlegung an, wie hoch die Leistung eines einzelnen Lämpchens ist.

Das brauchst Du:

1 Batterie 4,5 V

2 Lämpchen 4,5 V, eines NEU
Suchbegriff: „Glühlämpchen 4,5 V 0,1 A E10", Kosten c.a. 25 ct ... 50 ct / Stück

2 Fassungen, eine NEU
Suchbegriff: „Fassung e10 Lötfahnen", Kosten c.a. 18 ct ... 1,50 € / Stück

5 Messleitungen

5. Überlege Dir, wie der Stromkreis mit den beiden Lämpchen in einer Reihenschaltung aussieht. Zeichne den Schaltplan. Füge einen Spannungsmesser hinzu, der die Gesamtspannung misst. Füge einen Strommessgerät hinzu, das den gesamten Strom misst.

6. Nun baue die Schaltung auf. Zuerst ohne zu messen. Leuchten die beiden Lämpchen immer noch gleich hell?

7. Nun miss den Gesamtstrom und die Gesamtspannung in der Reihenschaltung.

U_{Gesamt}	I_{Gesamt}

8. Berechne nun die gesamte Leistung. Stelle eine Überlegung an, wie hoch die Leistung eines einzelnen Lämpchens ist.

8. Welche Erkenntnis hast Du gewonnen? Wie verhält es sich mit den Leistungen bei der Reihen- und Parallelschaltung?

Energie hält unsere Welt und uns selbst in Bewegung. Sie lässt sich in vielen Formen speichern und in andere Energien umwandeln. Die wichtigste Energieform unserer Zeit ist die elektrische Energie.

Arbeit und Energie

Wenn ein Sportler bei einem Wettbewerb Höchstleitungen vollbringen will, muss er vorher Energie in Form von Nahrung zu sich nehmen. Ein Pkw muss vor einer Fahrt aufgetankt werden, dabei wird chemische Energie gespeichert. Ein Smartphone, das aufgeladen wird, speichert elektrische Energie in seinem Akku. Gespeicherte Energie kann frei werden. Dann läuft der Sportler seinen Wettbewerb, das Auto fährt seine Strecke und das Smartphone überträgt Daten. Die gespeicherte Energie wird genutzt. Der Formelbuchstabe für die Energie ist das **W**. Er kommt von engl. *Work* = Arbeit. Gezählt wird die Energie in der Elektrotechnik mit der Einheit **kWh** (**Kilowattstunde**).

Doch was ist der Unterschied zur Leistung? Angenommen, Dir ist zu Hause kalt und ein Heizlüfter steht bereit. Ein Heizlüfter mit höherer Leistung kann einen Raum schneller erwärmen, ein Lüfter mit weniger Leistung braucht dafür mehr Zeit. Und: Je länger das Gerät Zeit hat, desto wärmer wird der Raum. Um die elektrische Energie zu berechnen, muss also die Leistung mit der Zeit multipliziert werden.

Energie	
Formelbuchstabe	***W***
Einheiten	**kWh, Ws**

Energie oder Arbeit → W, **Leistung** → P, **Zeit** → t

$$W = P \cdot t$$

Arbeit und Energieumwandlung

Energie ist die treibende Kraft für fast alle Vorgänge in der Welt. Energie lässt sich speichern – der Akku des Smartphones wurde schon oben erwähnt. Wenn Energie frei wird, wird Arbeit verrichtet. **Energie kann also Arbeit verrichten**. Doch was bedeutet das physikalisch? Energie wird nie verbraucht. Wenn ein Auto seine Strecke fährt, wird chemische Energie nicht verbraucht. Sie wird stattdessen in Bewegungsenergie umgewandelt. Wenn ein Heizlüfter einen Raum erwärmt, wird elektrische Energie nicht verbraucht, sondern in Wärmeenergie umgewandelt. Arbeit bedeutet also, dass Energie von der einen Form in eine andere Form umgewandelt wird. Die Gesamtmenge der Energie bleibt immer gleich. Energie kann niemals erzeugt oder vernichtet werden. Man nennt diese Aussage den **Energieerhaltungssatz**.

Messen der elektrischen Energie

Jeder Haushalt und jedes Unternehmen benötigt elektrische Energie. Diese Energie wird von Energieversorgungsunternehmen in die Haushalte und Unternehmen gebracht. Dort erfolgt der „Verbrauch", also die Umwandlung in eine andere Energieform. Das bezeichnet man als Arbeit. Kunden müssen die erhaltene Energie bezahlen. Die erhaltene Energie wird daher von einem **Elektrizitätszähler** gemessen. Er misst Strom und Spannung und damit die elektrische Leistung (wie das genau geht, kannst Du in „Die elektrische Leistung" ab Seite 132 nachlesen). Gleichzeitig läuft eine spezielle „Uhr" mit, sodass auch die Zeit gemessen wird. Leistung und Zeit ergeben die Energie (siehe Formel oben im Kasten).

Elektrizitätszähler werden in der Umgangssprache auch „Stromzähler" genannt. Der korrekte Ausdruck wäre „Energiemesser" oder „Energiezähler".

Bild 3 zeigt eine Version eines älteren Gerätes. Es funktioniert ähnlich wie ein Uhrwerk, das Spannung, Strom und die Zeit misst. Diese Zähler sind in Deutschland noch weit verbreitet. Moderne elektronische Zähler können mehrere Tarife zu verschiedenen Zeiten berücksichtigen. Elektrizitätszähler müssen meistens einmal im Jahr abgelesen werden. Das Ablesen eines Zählers ist einfach. Der Zählerstand ist die Ziffernanzeige, die mit **kWh** gekennzeichnet ist. Welcher Zähler der eigene ist, lässt sich über die Zählernummer zuordnen. Sie steht auch in der Rechnung.

Bild 3: Ein Elektrizitätszähler

Energiekosten

Die Energiekosten teilen sich in verbrauchsabhängige und vom Verbrauch unabhängige Kosten auf. Die verbrauchsabhängigen Kosten sind die größten. Sie ergeben sich aus der erhaltenen Energie und dem **Tarif** (ct pro kWh). Berechnen kann man sie gemäß der Formel im gelben Kasten unter diesem Text.

gelieferte Energie ↘ **Preis pro kWh** ↙

$$\text{Verbrauchskosten} = W \cdot \text{Tarif}$$

Woher kommt der Strom – Stromerzeugung und Stromverteilung

Unser Strom wird in Kraftwerken erzeugt. Den größten Anteil an der Stromerzeugung (62%) hatten Mitte 2018 Kohle-, Gas- und Kernkraftwerke. Den Rest teilten sich Windparks, Wasserkraftwerke, Solaranlagen, Gaskraftwerke etc.

In Leitungsnetzen wird der Strom zu den Verbrauchern gebracht. Das sind meistens Freileitungen, aber auch Erdkabel. Höhere Spannungen verringern die Verluste, daher gibt es verschiedene Spannungsebenen, je nachdem wie weit der Strom geleitet wird. Die höchste Spannungsebene (das Höchstspannungsnetz mit 110 kV bis 380 kV) verteilt den Strom überregional und in ganz Europa. Das Mittelspannungsnetz bringt den Strom zu Städten und Dörfern. Auch große Industrieanlagen sind an das Mittelspannungsnetz angeschlossen. Endverbraucher sind an das Niederspannungsnetz (230/400 V) angeschlossen, das typischerweise von Stadtwerken verwaltet wird.

Die Spannung, mit der Strom erzeugt wird, beträgt bei großen Kraftwerken etwa 20 kV. Um den Strom in das Hochspannungsnetz einspeisen zu können, muss die Spannung mit Transformatoren hochtransfomiert werden. Umgekehrt wird die Spannung in der Nähe des Verbrauchers wieder heruntertransformiert.

Wegen dieser Fähigkeit sind Transformatoren wichtige Betriebsmittel der Energietechnik. Transformiert werden kann nur Wechselstrom. Daher funktioniert unsere gesamte Stromversorgung mit (dreiphasigem) Wechselstrom.

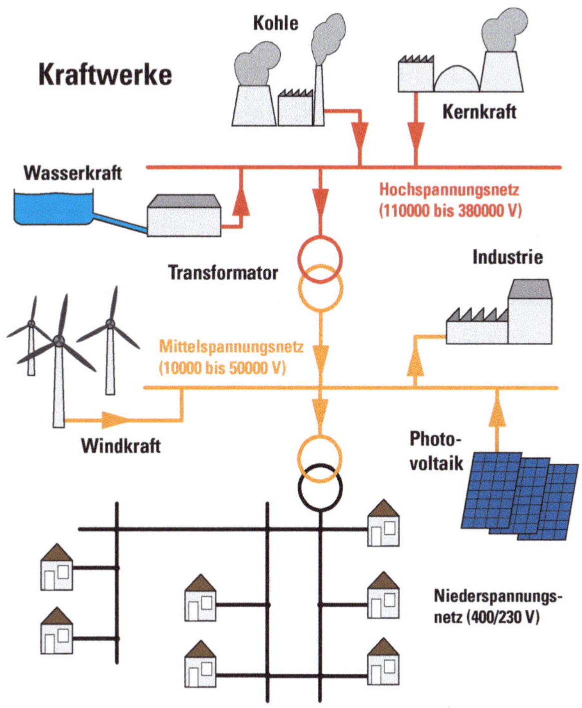

leifiphysik.de → Elektrizitätslehre → Elektrische Arbeit und Leistung
leifiphysik.de → Mechanik → Arbeit, Energie und Leistung → Energieformen
youtube.de → Energie und Leistung, kWh, Watt, Teil 1
youtube.de → ELEKTRONIK-TUTORIAL 04: Elektrische Leistung und Energie
youtube.de → Abenteuer Forschung – Unter Strom 1/4 ... 4/4
youtube.de → Woher kommt unser Strom?
youtube.de → Löwenzahn 151 – Peter und die Kraft im Draht
youtube.de → Löwenzahn – 251 Strom – Hochspannung am Bauwagen
youtube.de → Der Stromkrieg – Thomas Edison und George Westinghouse

Energie und Leistung

Bearbeitet am: ____________________

Erkläre den Unterschied zwischen Energie und Leistung. Du sollst dabei eine wörtliche Erklärung und eine Formel aufschreiben.

Energieformen

Bearbeitet am: ____________________

In der nachfolgenden Tabelle sind verschiedene Vorgänge aufgelistet. Finde jeweils heraus, welche Energieform dabei in eine andere umgewandelt wird. Vergleiche anschließend Dein Ergebnis mit denen Deiner Mitschüler. Wundere Dich nicht: Es gibt bei manchen Vorgängen mehrere Lösungen. Unter der Tabelle findest Du einige Energieformen aufgelistet, aus denen Du auswählen darfst.

Bei diesem Vorgang ...	... wird diese Energieform ...	... in diese umgewandelt.
Ein Rennwagen beschleunigt nach dem Start		
Ein Elektroofen heizt einen Raum		
Ein Aufzug fährt vom Erdgeschoss in die 10. Etage		
Ein Fahrraddynamo ist in Berieb		
Ein Regenschirm wird aufgespannt		
Eine Kerze brennt		
Mögliche Energieform: Chemische Energie, elektrische Energie, kinetische Energie (Energie der Bewegung), potenzielle Energie (Energie der Höhe), Spannenergie, Wärme.		

Energie-„Verbrauch"

Bearbeitet am: ____________

Im Fernsehen oder in anderen Medien ist viel von „Energieverbrauch" die Rede.
Ist dieser Begriff wirklich fachmännisch? Was steckt dahinter?

Der Energieerhaltungssatz

Bearbeitet am: ____________

Schreibe eine Erklärung des Energieerhaltungssatzes auf, die auch für Laien verständlich ist. Verwende in Deiner Erklärung ein Beispiel.

Kosten der elektrischen Energie

Bearbeitet am: ____________

Wie setzen sich die Kosten für elektrische Energie zusammen?
Gib eine genaue Erklärung.

Energiemenge in einer Batterie

Bearbeitet am: ____________________

Angenommen, Du möchtest eine Notstromversorgung mit einer größeren Lkw-Starterbatterie aufbauen. Da wäre es sinnvoll, auszurechnen, wie viel kWh Energie in der Batterie stecken. Daten der Batterie: 12 V, 200 Ah. Rechne den Energiegehalt aus!

[vel.plus/EB13]

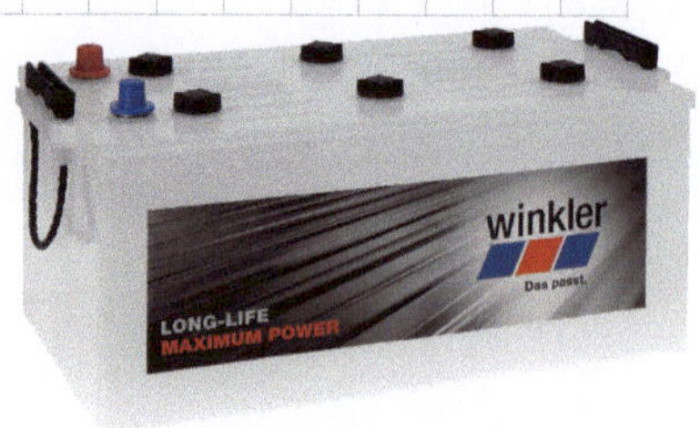

Warmes Ferienhaus

Bearbeitet am: ____________________

Du bist zu Besuch in einem Ferienhaus in den Alpen. Es ist kalter Winter und das Haus hat nur einen elektrischen Heizlüfter (P = 2,5 kW). Wie hoch sind die Kosten für die Heizung in einer Nacht (20:00 bis 8:00) bei einem angenommenen Tarif von 25 ct/kWh, wenn der Heizlüfter die ganze Nacht in Betrieb ist?

Energiekosten für Internet

Bearbeitet am: ____________________

Ein WLAN-Router benötigt etwa 20 W an elektrischer Leistung. Wie hoch sind die Energiekosten im Jahr bei einem angenommenen Tarif von 25 ct/kWh?

Video: Übertragung mit Hochspannung

Bearbeitet am: ____________

Schau Dir den Film ***Mission X – Der Stromkrieg*** (45 min) bei YouTube an und beantworte folgende Fragen:

- Warum muss Strom über weite Entfernungen mit hoher Spannung übertragen werden?
- Welche elektrische Maschine ermöglicht die Heraufsetzung und Herabsetzung der Spannung?
- Bei welcher Art von Strom kann die Spannung so umgewandelt werden und bei welcher nicht?

Große Energiemengen

Bearbeitet am: ____________

Lies folgenden Artikel:

„Im Jahr 2005 legte die schwedische Regierung den letzten Atomreaktor im Kraftwerk Barsebäck still. Der Reaktor erzeugte pro Jahr eine durchschnittliche Energiemenge von 3572 GWh elektrischer Energie. In Schweden werden weiterhin Windparks mit Windkraftanlagen im Meer errichtet. Jede Windkraftanlage erzeugt rund 6000 MWh elektrische Energie pro Jahr."

Beantworte folgende Frage:

Wie viele Windkraftanlagen werden gebraucht, um die vom Atomreaktor erzeugte Energiemenge zu ersetzen?

Quelle der Aufgabe: Programme for the International Assessment of Adult Competencies

http://www.gesis.org

Beim Kochen, beim Waschen, manchmal auch beim Heizen – dabei wird elektrische Energie in Wärmeenergie umgewandelt. Hier sollte man sich auskennen, um die Kosten dieser Art des Energieumsatzes berechnen zu können.

Wärme

Wärme ist eine Energieform. Sie kann direkt (z. B. aus Kohle oder Gas) gewonnen werden. Vor allem in Haushaltsgeräten ist jedoch die Umwandlung aus elektrischer Energie verbreitet. Diese Wärme ist dann erwünscht. Unerwünschte Wärme entsteht bei elektronischen Geräten, z. B. bei Fernsehern oder Verstärkern.

Wärme kann über die Temperatur abgeschätzt werden. Eine Einheit der Temperatur ist das **Grad Celsius** (**°C**). In der Physik und Technik wird auch die Einheit **Kelvin** (**K**) für die Temperatur verwendet. Die Umrechnung ist einfach: Bei Temperaturunterschieden gilt 1 K = 1 °C. Beispiel: Wenn sich eine Temperatur von 10 °C auf 15 °C erhöht, dann hat sie sich auch um 5 K erhöht. Die Temperatur darf nicht mit Wärme verwechselt werden. Ein Körper kann heiß sein, aber wenig Wärme gespeichert haben, z. B. ein heißer Teelöffel, der schnell wieder abkühlt. Eine Badewanne mit lauwarmem Wasser hingegen wärmt das ganze Badezimmer und kühlt nur langsam ab, weil in ihr viel Wärme gespeichert ist. Man verwendet für die Wärmemenge den Formelbuchstaben *Q*. Für die Einheit nimmt man **Wattsekunden** (**Ws**) oder **Joule** (**J**).

Wärme	
Formelbuchstabe	***Q***
Einheiten	**Ws, J**

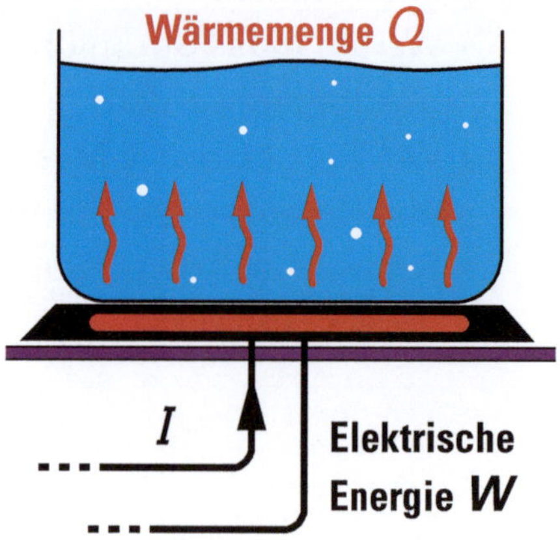

Bild 2: Beim Erwärmen von Wasser wird elektrische Energie in Wärme umgewandelt

Erinnere Dich an den Energieerhaltungssatz (siehe „Elektrische Energie und Arbeit" ab Seite 146). Wenn (wie in Bild 2) etwas elektrisch erwärmt wird, wird die gesamte zugeführte elektrische Energie in Wärme umgewandelt. Es gilt also: $W = Q$.

Wärmemenge → $Q = W$ ← **zugeführte Energie**

Die spezifische Wärmekapazität

Hast Du schon mal eine Wärmflasche gesehen oder ausprobiert? Manche Stoffe können Wärme gut speichern, wie z. B. Wasser. Daher füllt man in eine Wärmflasche heißes Wasser. Es dauert lange, bis sie ihre Wärme abgegeben hat und wieder erkaltet ist. So ist sie auch heute noch eine angenehme Wärmequelle in kalten Winternächten. Andere Stoffe, wie z. B. Kunststoff oder Holz, können Wärme nicht gut speichern.

Es gibt eine physikalische Größe für diese Eigenschaft. Es ist die **spezifische Wärmekapazität *c***. Mit der spezifischen Wärmekapazität *c* kann man ausrechnen, wie viel Energie man zuführen muss, um etwas zu erwärmen. Die spezifische Wärmekapazität hat eine komplizierte Einheit. So gilt z. B. für Wasser:

$$c = 4187 \ \frac{\text{Ws}}{\text{kg} \cdot \text{K}}$$

Das bedeutet, dass man 4187 Ws Energie braucht, um 1 kg Wasser um 1 K zu erwärmen. Erinnere Dich: Bei Temperaturunterschieden gilt 1 K = 1 °C. Von früher weißt Du vielleicht noch, dass 1 kg Wasser = 1 Liter Wasser ist. Also: Man braucht 4187 Ws Energie, um 1 Liter Wasser z. B. von 10 °C auf 11 °C zu erwärmen. Im gelben Kasten auf der nächsten Seite oben findest Du eine Formel, mit der man für alle Stoffe ausrechnen kann, wie viel Energie sie zum Warmwerden brauchen.

Umgekehrt kann ein warmer Stoff auch Energie abgeben. Auch dafür lässt sich die Formel verwenden.

Wenn man die Wärme Q ausgerechnet hat, hat man auch die elektrische Energie W ausgerechnet, denn z. B. 1000 Ws Wärme sind 1000 Ws Energie. Es ist auch nützlich, zu wissen, wie viele kWh Energie einer Wärmemenge in Ws entspricht. So lassen sich die Kosten ausrechnen, die entstehen, wenn man mit Elektrizität Wärme erzeugt.

$$Q = m \cdot c \cdot \Delta T$$

- **Wärmemenge oder Energie** → Q
- **Masse in kg oder Liter bei Wasser** → m
- **spezifische Wärmekapazität** → c
- **Temperaturunterschied in K** → ΔT

Die Verlustleistung

Du weißt, dass ein Auto Kühlwasser braucht? Eigentlich sollte die Energie aus dem Kraftstoff in Bewegung umgesetzt werden und nicht in Wärme. Leider ist es nicht so. Ein Teil der Energie, die im Kraftstoff gespeichert ist, geht als Wärme verloren und muss über die Kühlung abgeführt werden.

So ist das bei allen Maschinen, die sich irgendwie bewegen. So erzeugt jeder Elektromotor (z. B. in einer Küchenmaschine) **Verlustleistung**. Diese Verlustleistung macht sich als Wärme bemerkbar und ist nutzlos, sie kann sogar die Maschine beschädigen. Sie ist eine Form von Wärme, die unerwünscht ist. Schau Dir Bild 3 an: Der Küchenmixer erwärmt sich im Betrieb und erzeugt so Verlustleistung.

Damit ist die abgegebene Leistung immer kleiner als die aufgenommene Leistung. Die Differenz ist die Verlustleistung.

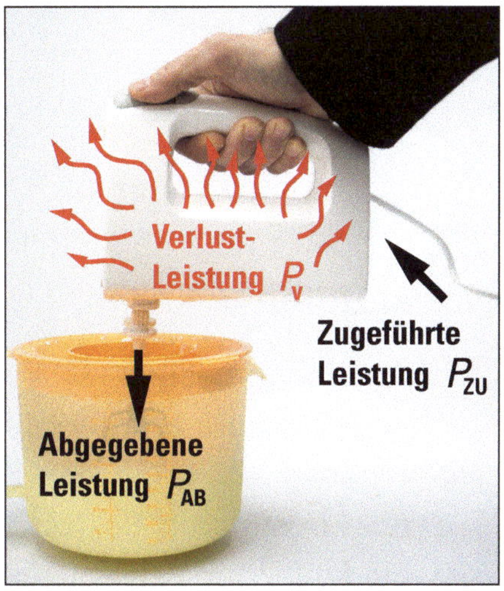

Bild 3: Ein Mixer erwärmt sich im Betrieb und erzeugt so Verlustleistung

$$P_V = P_{ZU} - P_{AB}$$

- **Verlustleistung** → P_V
- **zugeführte Leistung** → P_{ZU}
- **abgegebene Leistung** → P_{AB}

Der Wirkungsgrad

Eigentlich ist der **Wirkungsgrad** einfach zu verstehen. Es geht darum, dass ein Gerät möglichst wenig Verlustleistung erzeugt. Wenig Verlustleistung bedeutet auch immer wenig Verlustenergie und das verringert die Energiekosten und vermeidet Verschwendung von Energie. Um die Verlustleistung auszurechnen, müsste man nach der obenstehenden Formel die zugeführte und die abgegebene Leistung kennen. Doch das muss gar nicht sein – es kommt tatsächlich nur auf das Verhältnis der beiden Leistungen zueinander an. Sind sie gleich groß, ist alles bestens und das Gerät erzeugt gar keine Verlustleistung (was leider in der Praxis nie vorkommt). Zur Vereinfachung dieser Überlegungen gibt es den Wirkungsgrad η (griechischer Buchstabe *Eta*). Er ist das Verhältnis von abgegebener Leistung (Nutzleistung) zu zugeführter Leistung. Man bildet also einen Bruch mit der abgegebenen Leistung über dem Bruchstrich. Da die abgegebene Leistung nie größer sein kann als die zugeführte Leistung, ist der Wirkungsgrad nie größer als eins.

$$\eta = \frac{P_{AB}}{P_{ZU}}$$

- **Wirkungsgrad** → η
- **abgegebene Leistung** → P_{AB}
- **zugeführte Leistung** → P_{ZU}

Einheiten der Energie

Bearbeitet am: ____________________

Neben der Kilowattstunde gibt es noch zwei weitere Einheiten der Energie, die in der Physik oft verwendet werden: die **Wattsekunde** (**Ws**) und das **Joule** (**J**). Es gilt: 1 Ws = 1 J.
Rechne aus, wie viele Ws in einer Kilowattstunde enthalten sind.

[vel.plus/EB14]

Temperaturen in Kelvin

Bearbeitet am: ____________________

Auf den Infoseiten „Elektrowärme" wurde die Temperatureinheit „Kelvin" erwähnt. Bei einem Temperatur**unterschied** gilt 1 K = 1 °C. Misst man jedoch eine einzelne Temperatur, ergeben sich unterschiedliche Zahlenwerte für Kelvin und °C. Informiere Dich im Internet oder in anderen elektrotechnischen Büchern und zeichne den fehlenden °C-Wert oben und die fehlenden K-Werte unten in die Temperaturskala ein.

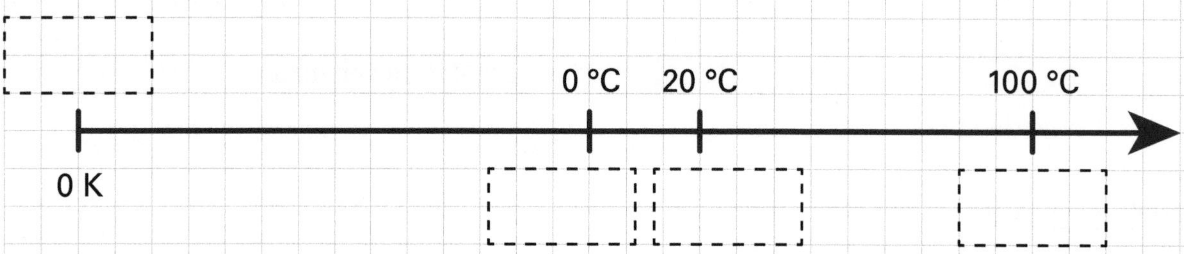

Spezifische Wärmekapazität

Bearbeitet am: ____________________

Hat ein Stoff eine hohe spezifische Wärmekapazität, so kann er die Wärme gut speichern. Informiere Dich im Internet oder in anderen Büchern und schreibe die spezifische Wärmekapazität für die angegebenen Stoffe auf. Verwende dabei die korrekte Einheit wie auf der Infoseite „Elektrowärme" (Seite 152)!

Kupfer, c = ... Wasser, c = ...

Luft, c = ... Holz, c = ...

Wasser erwärmen

Bearbeitet am: ____________________

Rechne aus, wie viel Energie in Ws erforderlich ist, um einen Liter Wasser um 10 °C zu erwärmen.

Nudeln kochen

Bearbeitet am: ____________________

Wie teuer ist es, eine Portion Nudeln zu kochen (ohne die Nudeln selbst und die Kosten für das Wasser)? Etwa 1 Liter Wasser muss von ca. 10 °C an zum Kochen gebracht werden. Berechne die Kosten für die Erwärmung des Wassers bei einem Tarif von 0,25 ct/kWh.
Ein Tipp: Du brauchst dafür das Ergebnis der Aufgabe auf der gegenüberliegenden Seite oben.

Ein Bad nehmen

Bearbeitet am: ____________________

Wie teuer ist es, in einer üblichen Badewanne ein Bad zu nehmen? Bei dieser Aufgabe musst Du Dir alle erforderlichen Angaben im Internet selbst suchen.

Lernsituation: Swimmingpool

Bearbeitet am: ______________________

Du bekommst einen Anruf von Deinem Chef, der im Urlaub ist. Er hat ein Ferienhaus in Schweden mit einem Swimmingpool gebucht. Er möchte von Dir wissen, wie teuer es ist, den Swimmingpool in Betrieb zu nehmen, d. h. das Wasser aufzuheizen. Da Du kürzlich in der Berufsschule das Thema „Elektrowärme" bearbeitet hast, weißt Du, dass es hierbei sehr auf Temperaturen ankommt. Auf entsprechende Nachfrage bekommst Du mitgeteilt, dass das Wasser von 15 °C auf 30 °C aufgewärmt werden soll.

1. Berechne die Menge an Wasser, die in dem Swimmingpool enthalten ist. Dazu musst Du das Volumen des Pools ausrechnen. Das ist nicht ganz einfach, denn der Pool ist nicht rechteckig gebaut. Man kann ihn sich aber aus einzelnen Körpern zusammengesetzt denken.

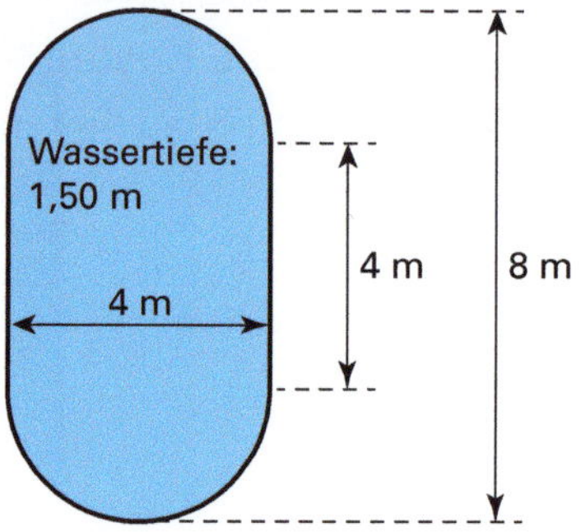

[vel.plus/EB15]

2. Berechne die zum Aufheizen erforderliche Energiemenge.

3. Berechne die Kosten. Der Tarif soll 25 ct/kWh betragen.

Formeln zur Flächenberechnung:

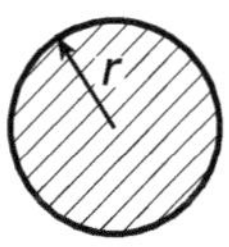

Kreisfläche:
$A = \pi \cdot r^2$
$\pi = 3{,}14...$

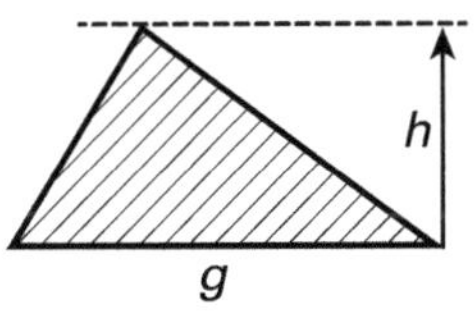

Dreieck:
$A = \frac{1}{2} \cdot g \cdot h$

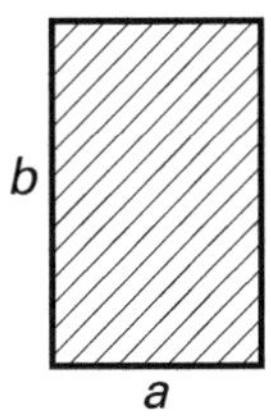

Rechteck:
$A = a \cdot b$

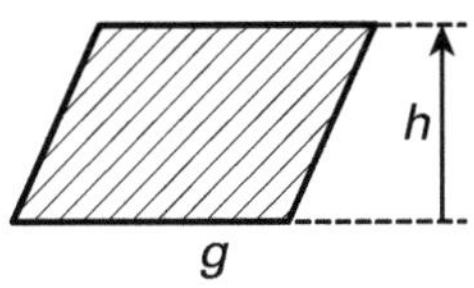

Parallelogramm:
$A = g \cdot h$

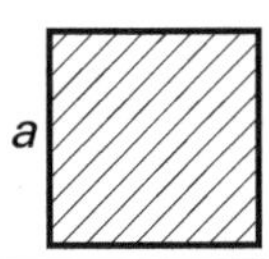

Quadrat:
$A = a^2$

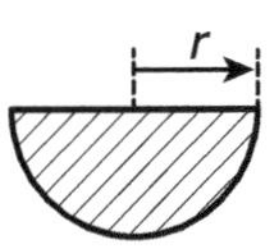

Halbkreis:
$A = \frac{1}{2} \pi \cdot r^2$

Volumenberechnung:

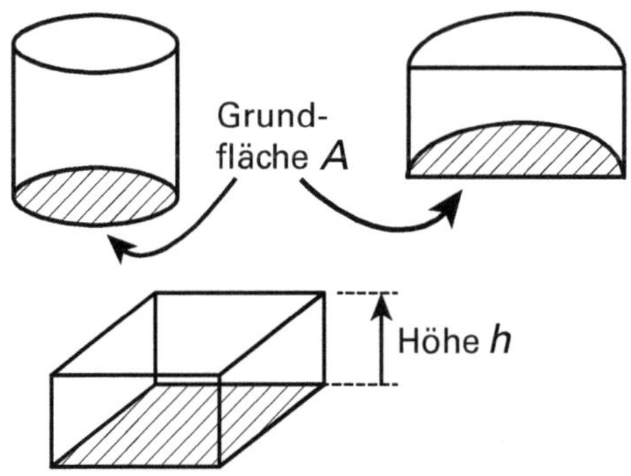

Für alle diese Körper gilt:
Volumen = Grundfläche mal Höhe

$V = A \cdot h$

Ein Kreuzworträtsel

Bearbeitet am: ____________________

Waagerecht:

1 Elektrischer Druck
2 Aufladbare Quelle
3 Weg für Elektronen
4 Computererfinder
5 Misst alles
6 Elektronenmangel
7 Math. Zusammenhang
8 Leitet Strom
9 Anderes Wort für Erde
10 Älteres Leuchtmittel
11 Teil einer elektr. Anlage
12 Absolute Spannung
13 Rückleitung beim Multimeter
14 Engl: Strom
15 Elektronisches Bauelement
16 Elektr. Teilchen
17 Einheit des Stromes
18 Arbeit

Senkrecht:

1 Gefährlicher Stromfluss
2 Unerschöpfliche Quelle
3 Leitet nicht
4 Regel für Spannungssumme
5 Entladung
6 Tausendstel
7 Ladungsmenge
8 Hindernis für Strom
9 Angabe für Ungenauigkeit
10 Misst Widerstände
11 Energie pro Zeit
12 Bewegung v. Elektronen
13 Einheit der Spannung
14 Gegenteil von „Erzeuger“
15 Eine Spannungsquelle
16 Zieht Negativ an
17 Engl.: Spannung
18 Kennzeichnet Widerstände
19 Eine Energieform
20 Kleinster Baustein der Materie
21 Einheit für Leistung
22 Verbindet Leiter
23 Kleine Zeichnung
24 Modernes Leuchtmittel
25 Temperatureinheit